MAIS CUMPRIMENTOS AO GUIA DO DR. ART PARA A CIÊNCIA

"Como professora, admiro a maneira como o dr. Art relaciona conteúdos científicos com a vida diária dos meus alunos. Mostrando como as idéias da ciência se harmonizam, ele facilita muito a compreensão da ciência para alunos e professores."
Rhonda Spidell, *Albert Einstein Distinguished Educator, National Science Foundation*

"Como dançarinos num Baile de Aniversário de 50 anos podem explicar os estados da matéria e por que vivemos no planeta Cachinhos Dourados? *Guia do Dr. Art para a Ciência* explica essas e muitas outras idéias básicas e importantes na ciência de maneira simples, elegante e divertida."
Dr. Richard Vineyard, *presidente, Council of State Science Supervisors*

"Escrito num estilo envolvente, com figuras atraentes, o Guia do Dr. Art é divertido, informativo e educativo, simultaneamente. Não vejo a hora de usar este livro em meu trabalho, com professores efetivos e estagiários!"
Dr. Jerome M. Shaw, *professor assistente de educação científica, Universidade da Califórnia em Santa Cruz*

"Este livro mergulhará os leitores de todas as idades no prazer da ciência. Eles desenvolverão uma compreensão profunda do modo como as ciências relacionadas com a vida, com a física e com a terra explicam o nosso mundo."
Eric Packenham, *diretor, Building a Presence for Science, National Science Teachers Association*

"Este é um recurso oportuno para professores de ciência, para pais e para quem ensina ciências informalmente. Ele oferece as bases, as relações e as etapas seguintes. Imprescindível para pesquisas na sua biblioteca."
Dra. Jo Anne Vasquez, *presidente, National Science Education Leadership Association*

"*Guia do Dr. Art para a Ciência* possibilita um estudo estimulante das razões por que a ciência tem importância e de como ela funciona. Seu notável equilíbrio entre grandes idéias e vinhetas instigantes tornam conceitos científicos fundamentais acessíveis a estudantes contemporâneos."
Dr. Len Simutis, *diretor, goENC.com (anteriormente Eisenhower National Clearinghouse for Mathematics and Science Education)*

"Este primoroso livro nos ajuda a pensar sobre o funcionamento do nosso planeta, sobre quem somos e sobre o que é a vida. O Dr. Art nos convida a mergulhar nele e *tentar fazer* ciência."
Dr. Eric Marshall, *diretor, TryScience.org*

Guia do Dr. Art para a Ciência

Interligando Átomos, Galáxias e Tudo o Mais...
Para uma Compreensão Divertida da Vida e do Universo

Dr. ART SUSSMAN

Tradução
EUCLIDES L. CALLONI
E CLEUSA M. WOSGRAU

EDITORA CULTRIX
São Paulo

Título original: *Dr. Art's Guide to Science*.

Copyright © 2006 WestEd.

Publicado mediante acordo com John Wiley & Sons International Rights, Inc.

Partes deste livro já foram publicadas no livro do dr. Art *Guia para o Planeta Terra*, publicado pela Editora Cultrix.

Créditos das fotos e ilustrações na pág. 254.

Todos os direitos reservados. Nenhuma parte deste livro pode ser reproduzida ou usada de qualquer forma ou por qualquer meio, eletrônico ou mecânico, inclusive fotocópias, gravações ou sistema de armazenamento em banco de dados, sem permissão por escrito, exceto nos casos de trechos curtos citados em resenhas críticas ou artigos de revistas.

A Editora Pensamento-Cultrix Ltda. não se responsabiliza por eventuais mudanças ocorridas nos endereços convencionais ou eletrônicos citados neste livro.

Advertência: Embora se acredite que as informações e conselhos fornecidos neste livro sejam completos, atualizados, precisos e confiáveis, o editor e o autor não aceitam qualquer responsabilidade legal por omissões ou erros que possam ter ocorrido. O editor e o autor não oferecem nenhuma garantia, expressa ou implícita, quanto ao material publicado.

Dados Internacionais de Catalogação na Publicação (CIP)
(Câmara Brasileira do Livro, SP, Brasil)

Sussman, Art
  Guia do Dr. Art para a ciência : interligando átomos, galáxia e tudo o mais -- para uma compreensão divertida da vida e do universo / Art Sussman ; tradução Euclides L. Calloni e Cleusa M. Wosgrau. -- São Paulo : Cultrix, 2008.

  Título original: Dr. Art's guide to science.
  ISBN 978-85-316-0999-2

  1. Ciências - Literatura infanto-juvenil I. Título.

07-10174   CDD-028.5

Índices para catálogo sistemático:
1. Ciências : Literatura infanto-juvenil 028.5
2. Ciências : Literatura juvenil 028.5

O primeiro número à esquerda indica a edição, ou reedição, desta obra. A primeira dezena à direita indica o ano em que esta edição, ou reedição, foi publicada.

Edição   Ano
1-2-3-4-5-6-7-8-9-10-11   08-09-10-11-12-13-14-15

Direitos de tradução para a língua portuguesa
adquiridos com exclusividade pela
EDITORA PENSAMENTO-CULTRIX LTDA.
Rua Dr. Mário Vicente, 368 — 04270-000 — São Paulo, SP
Fone: 6166-9000 — Fax: 6166-9008
E-mail: pensamento@cultrix.com.br
http://www.pensamento-cultrix.com.br
que se reserva a propriedade literária desta tradução.

SUMÁRIO

POR QUE CIÊNCIA?
Primeiros Cientistas • A Curiosidade Salvou o Homem • Por que Devemos Aprender Ciência? • Aprendendo Ciência • História do Amadurecimento da Ciência • Pare & Pense

Página 11

1

DOIS MAIS DOIS IGUAL A HIP-HOP
As Idéias Científicas Vêm em Tamanhos Diferentes • Uma Idéia Extraordinária • Por que Hip-Hop? • Sistemas Podem Formar um Planeta • Pare & Pense

Página 23

2

QUAL É O PROBLEMA?
Milhões de 92 • Átomos • Átomos São Sistemas • Partes do Átomo • Átomos como um Todo • Átomos como Parte de Sistemas Maiores • Milhões de Três • Pare & Pense

Página 37

3

ENERGIA
E O BAILE DE ANIVERSÁRIO DE 50 ANOS DO DR. ART
Estudo da Energia • Formas de Energia • Energia do Movimento • Energia Química • Por que a Matéria é Dura • Pare & Pense

Página 55

4

5

QUE AS FORÇAS ESTEJAM CONOSCO

A Gravidade é Universal • Mais Forte que a Gravidade • Eletricidade mais magnetismo é Igual a? • O Eletromagnetismo é a Cola da Matéria • Forças Dentro do Átomo • Matéria, Energia, Forças • Campos de Força • Pare & Pense

Página 73

FILHOS DO UNIVERSO

A Palavra U • Qual é a Distância de um Ano-Luz? • Níveis de Realidade • Estrelas Nascem • Matéria-Energia • Onde Tudo se Originou • Nascimento do Nosso Sistema Solar • Modelos em Escala • Resumo • Pare & Pense

Página 95

LAR DOCE LAR

A Terra no Sistema Solar • A Terra é um Todo • A Substância Sólida da Terra • A Substância Líquida da Terra • O Ciclo da Água • A Substância Gasosa da Terra • O Ciclo do Carbono • Um Sistema Fechado para a Matéria • Pare & Pense

Página 115

A ENERGIA NA TERRA

O Planeta Cachinhos Dourados • Um Sistema Aberto • Condução • Radiação Eletromagnética • Energia do Sol • O Efeito Estufa • Energia Interna da Terra • Orçamento de Energia da Terra • Pare & Faça

Página 137

A VIDA NA TERRA

Um Sistema em Rede • Quem Está na Rede? • A Respiração da Vida • Ecossistemas • Como os Ecossistemas Mudam? • Pare & Pense

Página 155

QUEM SOMOS? — 10

O que é a Vida? • Uma Visão Sistêmica da Vida • Células • Grandes Moléculas • Proteínas • DNA • A Vida na Terra é Bilíngüe e Tem um Código • Pare & Pense

Página 169

A FAMOSA PALAVRA E — 11

O que Sei sobre Evolução • Lagartas Carnívoras no Havaí • O que Corpos Mortos nos Dizem • Uma Árvore da Vida • O que Corpos Vivos nos Dizem • O que as Moléculas nos Dizem • Como a Evolução Acontece? • Mudanças Herdadas • Seleção de Mudanças Aleatórias • Pare & Pense

Página 191

MEIA-NOITE DE 26 DE DEZEMBRO — 12

História da Vida na Terra • Datação Radioativa • Tempo Profundo • Extinção em Massa • Meia-Noite de 26 de Dezembro • Irídio • A Arma Fumegante • Uma só Ciência • Religião e Evolução • Pare & Pense

Página 215

PARA ONDE VAMOS?

Superstição • Lá Vai o Sol • Salvar o Planeta? • A Camada de Ozônio da Terra • Ciclo Atual do Carbono • O Clima da Terra • A Teia da Vida da Terra • Ainda não é o Fim

Página 233

GLÍNDICE

Glossário + Índice: Onde Palavras-Chave da Ciência Ocorrem no Livro, e o que significam

Página 250

7

O Autor

O dr. Art Sussman é Ph.D. em Bioquímica pela Universidade de Princeton. Ele realizou pesquisas científicas na Universidade de Oxford, na Escola de Medicina de Harvard e na Universidade da Califórnia. Nos últimos 30 anos, o dr. Art vem ajudando estudantes, professores e o público em geral a compreender a ciência, especialmente como ela nos afeta a todos em nossa vida diária. O dr. Art trabalha em WestEd (um dos dez laboratórios educacionais regionais criados pelo Congresso norte-americano), para aperfeiçoar a educação científica nos âmbitos local, estadual e nacional. Ele presta assessoria a Estados em seus programas de educação científica, e mostra como se pode ensinar e aprender conteúdos científicos obrigatórios de modo compreensível, interessante e divertido.

Website

Acesse guidetoscience.net para ampliar a sua experiência com o *Guia do Dr. Art para a Ciência*. Esse website inclui experimentos, animações, planos de aula e mais idéias científicas interessantes sobre ciência para cada capítulo do livro. Aprenda o significado de palavras-chave da ciência e ouça a pronúncia delas articulada por um computador programado para imitar a voz do dr. Art. Confirme também a localização das seções "Brincadeira" deste livro, como o computador na frase anterior.

Nota do Editor: Não havendo no Brasil um site em língua portuguesa correspondente ao www.guidetoscience.net, decidimos manter esta informação, para não tirar dos nossos leitores a oportunidade de consultá-lo em inglês, se julgarem de seu interesse.

Agradecimentos

Muitas pessoas me ajudaram a escrever este livro, mas duas o embelezaram. Emiko Paul, ilustrador, transformou os meus esboços em ilustrações elegantes e em imagens e caricaturas divertidas que transmitem a essência das idéias científicas. Jack Macy, programador gráfico, combinou de forma brilhante o texto, as ilustrações e as fotografias de modo que cada página é uma verdadeira obra de arte. Ambos me deixaram sumamente satisfeito com a nossa criação conjunta.

Guia do Dr. Art para a Ciência não existiria sem a ajuda imprescindível de Michelle Kirk e Cheeta Llanes. Michelle pesquisou, descobriu e obteve praticamente todas as fotografias do livro. Essa tarefa exigia vários requisitos: conhecer ciências, saber apreciar o belo, localizar as fontes, preencher os formulários de aquisição legais e organizar as mais de 225 fotos. Cheeta Llanes participou com seu apoio pessoal e profissional, inclusive pesquisando conteúdos científicos, editando e ajudando-me a manter o foco nas idéias fundamentais da ciência.

Muitos colegas me ajudaram a manter a linguagem científica ao mesmo tempo precisa e compreensível. Devo admitir que às vezes ignorei os seus conselhos, por isso assumo total responsabilidade por possíveis equívocos.

Kathy DiRanna me ajudou a desembaraçar os primeiros capítulos. Depois ela continuou me auxiliando a detectar pontos de possível confusão para alunos e professores e a imaginar como poderíamos levar os leitores a uma compreensão clara. Minha especialista em física favorita, Helen Quinn, revisou os capítulos sobre física e me salvou de escrever coisas que deixariam um físico desesperado.

A publicação deste livro nos Estados Unidos foi patrocinada em parte pelo Departamento de Educação dos Estados Unidos (Protocolo nº R319A000006). Agradeço esse auxílio. Quaisquer opiniões, interpretações ou conclusões expressas neste livro são do autor e não necessariamente refletem o modo de pensar do Departamento de Educação ou do WestEd.

Agradeço também a Glenn Herrick e Judy Scotchmoor o seu auxílio nos capítulos sobre evolução, e a Michael Daehler sua revisão da física. Libby Rognier também revisou o manuscrito e fez pesquisas para o website. Lynn Murphy prestou uma valiosa assistência na publicação. Finalmente, agradeço o apoio importante do meu empregador principal, WestEd, e o auxílio da equipe de Jossey-Bass, especialmente a Christie Hakim, que patrocinou o livro e coordenou sua publicação.

Capítulo 1

POR QUE CIÊNCIA?

Primeiros Cientistas

A Curiosidade Salvou o Homem

Por que Devemos Aprender Ciência?

Aprendendo Ciência

História do Amadurecimento da Ciência

Pare & Pense

Capítulo 1 - *Por que Ciência?*

Primeiros Cientistas

Houve um período da sua vida em que você provavelmente deixou todos à sua volta atordoados com a avalanche de perguntas "Por quê". Por que a água é molhada? Por que ela vira gelo em temperaturas baixas? Por que o açúcar desaparece quando misturo com água? Por que não posso comer a quantidade de açúcar que consigo pôr na boca? E, claro, por que o céu é azul?

Se observar um gatinho ou um cachorrinho, você perceberá neles a mesma curiosidade. Animais jovens fuçam tudo o que encontram pela frente para aprender mais sobre seu mundo. Um gatinho pode ficar tão curioso com sua cauda que chega a rodar em torno de si mesmo tentando pegá-la. A curiosidade é muito parecida com a brincadeira.

A curiosidade ajudou o homem a vencer como espécie. Por termos condições de aprender sobre o mundo e ensinar uns aos outros o que aprendemos, pudemos nos espalhar por todas as partes do planeta. Descobrimos maneiras de viver em desertos, florestas, montanhas e na neve. Inventamos maneiras de caçar animais selvagens, de manter-nos aquecidos e de produzir alimentos.

Entre os nossos primeiros ancestrais havia também cientistas. Esses não usavam jalecos, mas mesmo assim podemos chamá-los de cientistas porque observavam atentamente o ambiente em que viviam e realizavam experimentos para descobrir as melhores técnicas que ajudassem a obter alimentos, construir abrigos e curar doentes. Como os cientistas atuais, nossos ancestrais comunicavam o que aprendiam e utilizavam o conhecimento coletivo para explicar o passado. Eles inclusive começaram a prever o futuro.

Há cerca de 2.000 anos, na América Central, os maias usaram observações detalhadas do Sol, da Lua e de Vênus para desenvolver um calendário muito preciso. Podiam prever eclipses do Sol e da Lua e distinguir facilmente o início das quatro estações. Sem ferramentas de ferro e sem a roda, eles construíram estruturas enormes e impressionantes que ainda perduram.

GRANDE IDÉIA

A curiosidade ajudou o homem a vencer como espécie.

Por que ciência?

Uma das estruturas maias mais notáveis é a pirâmide El Castillo, onde os maias reuniram seus conhecimentos sobre o calendário com suas habilidades de engenharia. Um detalhe peculiar dessa construção é que no início da primavera e do outono os raios do Sol incidem sobre a parte superior da borda da escadaria ocidental. A luz do Sol desce então pela borda da escada até a cabeça esculpida de uma serpente na base. Esse efeito especial dá a impressão de uma longa serpente rastejando escada abaixo (a foto desta página mostra pessoas que ainda hoje observam a "serpente de luz" descendo pela escada no lado esquerdo da pirâmide).

Como os maias, povos em todo o planeta aplicavam suas habilidades científicas para dominar o ambiente em que se encontravam. Entretanto, a ciência moderna só teve início há aproximadamente 500 anos na Europa. Nessa época e lugar, as pessoas começaram a utilizar mais ferramentas, matemática, lógica e comunicação como nunca antes para fazer perguntas e dar respostas a respeito do mundo.

Como outros habitantes do planeta, os cientistas europeus procuravam compreender o Sol, a Lua, as estrelas e os planetas. Em 1609, o telescópio acabara de ser inventado na Holanda. Na Itália, Galileu leu essa notícia na internet, e no

Descobrimos maneiras de viver em desertos, florestas, montanhas e na neve.

Guia do dr. Art para a ciência

mesmo ano construiu um telescópio sete vezes mais potente.[1] Em 1610, esquadrinhando o céu noturno com seu novo instrumento, ele foi o primeiro a ver pequenos pontos girando ao redor de Júpiter.

Observando cuidadosamente esses pontos e como eles se deslocavam, Galileu provou que eram quatro luas de Júpiter e que cada uma percorria uma trajetória própria em torno do distante planeta.

Ficamos então sabendo que a nossa Lua não é a única e que a Terra não é o centro em torno do qual tudo gira. Naquela época quase todos acreditavam que o Sol e os planetas giravam ao redor da Terra. A Terra não era apenas um planeta, mas o centro de tudo, e o único com uma lua. Agora sabíamos que pelo menos um outro planeta tinha luas e que elas viajavam ao redor de Júpiter, e não da Terra.

Em pouco tempo, pessoas em toda a Europa estavam usando telescópios e tentando compreender tudo o que conseguiam ver. A observação dessas quatro luas girando em torno de Júpiter ajudou o homem a perceber que a Terra se desloca à volta do Sol. Descobrimos que a Terra e os outros planetas orbitam em torno do Sol. Essa nova compreensão alterou totalmente a antiga crença de que o Sol e todos os planetas se moviam ao redor da Terra.

O telescópio nos ensinou uma grande lição científica sobre o nosso lugar no universo. Mais importante ainda, a ciência se desenvolveu a partir desse modo de combinar observações, instrumentos, lógica, matemática e comunicação. À medida que foi se desenvolvendo, a ciência se tornou mais do que um meio de satisfazer a nossa curiosidade. Na verdade, ela podia salvar vidas.

GRANDE IDÉIA

O telescópio mudou o nosso modo de ver a nós mesmos.

1. Brincadeira. O primeiro telefone, as linhas de transmissão elétrica e os computadores só seriam inventados centenas de anos mais tarde. A seção PARE & PENSE no final deste capítulo explica por que este livro de ciência inclui "brincadeiras" como esta.

14

Por que ciência?

A Curiosidade Salvou o Homem

Sem a ciência, eu não estaria vivo hoje, o que significa que você não estaria lendo este livro. Aos 3 anos de idade tive uma grave infecção de ouvido e fui levado às pressas para o hospital. A febre estava muito alta e a infecção se deslocava para o cérebro. Felizmente, uns vinte anos antes de eu nascer um cientista chamado Alexander Fleming descobriu um antibiótico natural. Pouco tempo antes de eu vir ao mundo, cientistas imaginaram como aproveitar essas substâncias medicinais para tratar pessoas doentes. A penicilina, o primeiro antibiótico descoberto pelos cientistas, salvou a minha vida.

A ciência e a tecnologia continuaram a mudar praticamente tudo em nossa vida. O alimento que comemos, o modo como o preparamos, a prevenção e a cura de doenças e as formas de entretenimento, tudo mudou de maneira surpreendente a partir da década de 1950, quando eu ainda era um adolescente irrequieto.

Pense sobre a maneira como nos comunicamos uns com os outros. Em 1950, o meu apartamento tinha apenas um telefone. Se eu precisava usá-lo, eu tinha de ir até a cozinha, pois ele estava fixo na parede desse cômodo. E às vezes eu não podia usá-lo, porque havia uma única linha telefônica para vários assinantes.

Essas linhas eram um problema. Como não eram em número suficiente para todos, tínhamos de dividir a nossa com outras duas famílias que nem conhecíamos. Se eu tirasse o fone do gancho e ouvisse uma voz, era preciso esperar que o outro usuário desligasse para eu poder fazer a minha ligação.

Tilly Smith, uma estudante inglesa de 10 anos, brincava com a família em Maikhao Beach, Tailândia, no dia 26 de dezembro de 2004. Ela observou que a água "começou a ficar esquisita". Lembrando-se de uma lição de ciências que aprendera na escola duas semanas antes, ela gritou para a família abandonar a praia porque um tsunami poderia estar se formando.

Os Smiths correram da praia e avisaram outras pessoas. Dispararam para o hotel e subiram até o terceiro andar. Dali viram horrorizados quando três ondas tsunamis atingiram o hotel. A praia e a piscina do hotel ficaram tomadas de água, palmeiras, camas e outros entulhos.

Os jornais britânicos relataram que as noções científicas de Tilly e as ações imediatas haviam salvo a ela, sua família e mais cem pessoas.

15

Nunca imaginamos que um dia teríamos telefones que levaríamos aonde quer que fôssemos. Provavelmente ninguém em 1950 imaginou que os telefones do futuro seriam móveis, tirariam fotografias e enviariam essas fotos com mensagens de texto para pessoas em todo o mundo. Isso era uma ficção muito distante para qualquer um de nós sequer imaginar.

Por que Devemos Aprender Ciência?

Embora a ciência nos possibilite ter antibióticos, telefones celulares e computadores, não é preciso entender ciência para usar esses milagres modernos. Entretanto, nossa sociedade decidiu que todos os que freqüentam a escola precisam aprender ciências. Países de todo o mundo aplicam testes de ciências a seus alunos e comparam os resultados para acompanhar o desenvolvimento desses alunos nessa área. Nos Estados Unidos, líderes políticos e empresariais estão muito preocupados porque os testes mostram que os alunos americanos têm um desempenho medíocre em ciências em comparação com estudantes de muitos outros países.

Isso, porém, não responde à pergunta — por que precisamos aprender ciência? Líderes empresariais sabem que muitos trabalhos exigem uma base científica sólida. Eles se queixam de que têm muita dificuldade para encontrar trabalhadores com habilidades e conhecimentos científicos consistentes. Do ponto de vista deles, isso significa que saber ciência pode ajudar você a conseguir empregos interessantes, estimulantes, prazerosos e bem-remunerados.

Eu tenho um desses empregos. Trabalho como educador em ciências, o que significa que tenho formação e experiência tanto em ciências como em magistério. Como professor de ciências, ajudo outros professores a aprender o que eles precisam saber sobre ciências e a descobrir a melhor forma de transmitir conhecimentos e capacidades científicos. Também ajudo Estados a decidir que temas e capacidades científicos ensinar nos diferentes níveis de ensino.

Os professores de ciências concordam que estudar ciências pode ajudar os alunos a conseguir empregos melhores. Mas nós achamos que há uma razão ainda mais importante para que todos conheçam ciências. É que professores de ciências como nós podem ter empregos e ainda vender livros sobre como aprender ciências.

Está bem, essa não é nossa razão principal. A opinião dos professores de ciências é que as pessoas precisam compreender ciências para poder tomar as melhores

Conhecendo ciências, você tem condições de tomar melhores decisões para a sua comunidade, para o seu país e para o planeta.

Por que ciência?

decisões para si mesmas, para sua família e comunidade local, para seu país e para o planeta que é nosso lar. Damos a isso o nome de "iniciação científica para o exercício da cidadania".

A ciência pode ajudá-lo a tomar decisões melhores para si mesmo. Que tipo de alimento você deve comer? Como você pode se manter saudável e o que deve fazer se sofrer de diferentes doenças? Como o fumo e o uso de outras drogas afetam o seu corpo? Se você ouve alguma coisa de um amigo, na televisão ou na internet, como você pode verificar se isso é verdade ou não? Você deve usar a astrologia para decidir se alguém seria um bom amigo ou até um possível namorado?

A ciência pode ajudá-lo a responder a essas perguntas sobre suas decisões pessoais. Também pensamos que a ciência pode ajudá-lo a tomar as melhores decisões para a sua comunidade local, para o país e para o planeta. Você deve se preocupar com a quantidade de energia e de água que usa? A sua comunidade deve oferecer transporte público, e quais seriam os melhores meios? O que deve ser feito com o lixo que sua família/cidade/município produz? O homem está alterando o clima da Terra? Em caso afirmativo, você deve fazer alguma coisa a esse respeito? O que pode ser?

Espero que você concorde que aprender ciências é bom para você, para o seu país e para o mundo. Como professores de ciências, estamos convencidos de que aprender ciências é importante e também divertido. De certo modo, cientistas são como crianças que nunca perdem a curiosidade, que continuam perguntando por quê. Em ciências, às vezes você pode se divertir tanto quanto um gatinho que tenta pegar sua cauda correndo em círculos.

Conhecendo ciências, você tem condições de tomar melhores decisões para si mesmo.

Aprendendo Ciência

Não sei quais foram suas experiências no aprendizado de ciências. Espero que tenha estudado utilizando a mente e também as mãos. Fazer ciência

17

implica observar atentamente o mundo e testar idéias para descobrir como as coisas funcionam.

Embora eu acredite muito no aprendizado da ciência por meio de experimentos, estes aparecem em número reduzido neste livro. Em compensação, o website que serve de apoio a estes capítulos (www.guidetoscience.net) inclui experimentos, animações e outros recursos que o ajudam a aprofundar-se na matéria. Este livro, *Guia do Dr. Art para a Ciência,* oferece as bases científicas de que você precisa, explicando as idéias mais importantes da ciência e como elas se integram. Essas grandes idéias vão ajudá-lo a compreender a verdadeira natureza da ciência. À medida que você prosseguir na leitura, coisas que você estudou na escola ou viu na televisão provavelmente se revelarão sob uma perspectiva nova e surpreendente. Talvez você possa inclusive descobrir que a leitura deste livro mudará seu modo de pensar sobre si mesmo e sobre o mundo.

Como exemplo do que quero dizer, vamos considerar uma grande idéia da ciência chamada **fotossíntese**. Fotossíntese é o que os vegetais fazem para viver. Diferentemente dos animais, os vegetais não comem. Em vez de comer, eles usam a energia da luz solar para produzir açúcar. Em seguida eles utilizam esse açúcar para fabricar todas as substâncias químicas e obter toda a energia de que necessitam.

Realizando a fotossíntese, os vegetais retiram gás carbônico da atmosfera e o combinam com água para produzir açúcar. Como mostra a figura, eles fazem isso capturando a energia da luz solar. Outra parte muito importante da fotossíntese é que os vegetais liberam oxigênio em decorrência desse processo.

Como a ciência depende muito de uma comunicação exata, os cientistas prestam muita atenção às palavras que empregam. Por exemplo, ao descrever como as plantas conseguem energia, em vez de repetir sempre "é o que os vegetais fazem quando usam a energia da luz solar para produzir açúcar a partir do dióxido de carbono e da água", eles dão a esse processo o nome de fotossíntese. Embora seja uma palavra de cinco sílabas, ainda assim é uma explicação bem mais curta. Além disso, o nome corresponde ao processo que ele descreve. "Foto" significa luz, e "sintetizar" significa fazer (você já deve ter ouvido a palavra "sintético", que significa algo que é feito de materiais produzidos pelo homem).

Por que ciência?

A fotossíntese é tão importante que manuais e programas escolares querem ter certeza absoluta de que os alunos conhecem a palavra. Com esse objetivo, eles quase sempre fazem uma pergunta mais ou menos como esta:

> *O processo pelo qual os vegetais usam a energia do Sol para produzir açúcar é chamado:*
>
> *a) transpiração*
>
> *b) respiração*
>
> *c) fotossíntese*
>
> *d) agravação*
>
> *e) fotólise*

Concordo que você deve conhecer e compreender a palavra fotossíntese. Entretanto, se a aprender apenas como um vocábulo que precisa memorizar, você não a compreenderá, porque tudo o que você fez foi memorizar um termo e algumas frases associadas a ele (produzir açúcar, energia da luz solar). Então você esquecerá a palavra porque é muito difícil lembrar-se de algo que você não compreende realmente, principalmente quando sempre surgem novos termos que precisam ser memorizados.

Em contraposição, estudar ciências é compreender. Memorizar algumas palavras é necessário e importante, mas compreender é ainda mais fundamental.

O que significa entender realmente a fotossíntese? Em primeiro lugar, ela não é apenas uma palavra nos livros de escola. A fotossíntese acontece ao seu redor. Observe a luz do Sol brilhando numa planta, numa árvore, num arbusto ou numa folha de capim. Cada um desses vegetais está realizando fotossíntese enquanto você os observa.

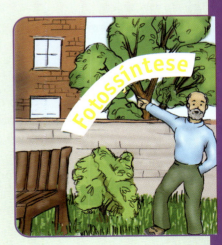

❶ A fotossíntese acontece ao nosso redor.

19

Em segundo lugar, por meio da fotossíntese, os vegetais absorvem a energia da luz do Sol e a armazenam no açúcar como energia química. Nenhum animal consegue realizar esse feito extraordinário. Todos nós, animais, dependemos dos vegetais para capturar a energia do Sol e armazená-la numa forma que possamos utilizar. Do ponto de vista dos organismos da Terra, a fotossíntese é a coisa mais importante que um organismo realiza. Os vegetais precisam da fotossíntese para viver, e nós também.

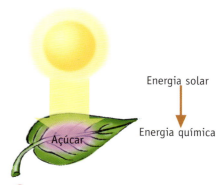

❷ A energia solar é armazenada como energia química.

Terceiro, os vegetais liberam oxigênio como conseqüência da fotossíntese. A atmosfera original da Terra não tinha o gás oxigênio. Atualmente, o oxigênio constitui 21% da atmosfera. Todo esse oxigênio se formou como resultado da fotossíntese. Essa palavra de cinco sílabas explica não só onde os animais conseguem alimento, mas também como conseguimos o ar que respiramos.

Na próxima vez que você passar por um gramado, por algum arbusto ou por algumas árvores, dê uma paradinha. Embora você não consiga ver o gás, esses seres vivos estão lançando oxigênio no ar ao seu redor. Você inspira esse oxigênio e expira dióxido de carbono. O vegetal absorve o dióxido de carbono para produzir o alimento que sustenta as comunidades de organismos vivos. Você está estreitamente ligado à vida vegetal. Vegetais e animais são parceiros na teia da vida da Terra.

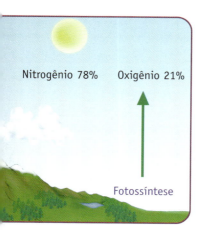

❸ A fotossíntese produz o oxigênio que respiramos.

Quase todos nós vivemos em cidades e bairros onde vemos principalmente o mundo construído pelo homem e não o mundo da natureza. Alimentando-nos com produtos de supermercados e restaurantes e passando o tempo dentro de

Por que ciência?

edifícios e carros, corremos o risco de nunca conhecer uma parte muito importante de quem somos. Mas estudando a fotossíntese, aprendemos uma grande lição sobre nós mesmos. Como todos os animais, dependemos dos vegetais e da energia do Sol. Todos fazemos parte da teia da vida da Terra.

História do Amadurecimento da Ciência

Na maioria das culturas, os jovens passam por experiências de "amadurecimento". Os pais e os líderes da comunidade os põem à prova para ver se eles conhecem a história, os costumes e as normas do grupo. Você pode ter passado por isso através da religião ou de um grupo social da comunidade.

Vivemos numa sociedade baseada na ciência. Praticamente tudo o que tocamos e fazemos foi de algum modo plasmado pela ciência. No entanto, aposto que você não teve uma experiência de "amadurecimento" através da ciência. Ninguém lhe disse, "Acreditamos que chegou a hora de descobrir se você sabe o que a ciência diz sobre a nossa origem, sobre quem somos e para onde vamos".

Bem, acontece que a ciência oferece uma descrição surpreendente e sugestiva da nossa origem, de quem somos e para onde vamos. É isso que espero que você encontre neste livro.

Alguns de vocês já sabem que se interessam pela ciência. Isso é ótimo. Espero que este livro aprofunde esse interesse e os levem a direções inesperadas. Alguns de vocês podem achar que não têm interesse pela ciência. Talvez tenham tido experiências negativas com ela, ou mesmo nenhuma experiência. Procurem ler este livro com mente aberta. Como John Lennon, um dos Beatles, diz numa canção, "Dê uma oportunidade à ciência".

Tudo o que estamos dizendo é: Dê uma Oportunidade à Ciência

21

PARE & PENSE

Você provavelmente tem muito mais experiência com a leitura de livros de ficção do que de um livro de não-ficção como este. É claro que o processo de ler as palavras é o mesmo. Mas não se deixe enganar por isso. São necessárias algumas habilidades de leitura diferentes para divertir-se e aprender o máximo com um livro de não-ficção.

Com um bom livro de ficção, às vezes você quer ler cada vez mais rápido. O que vai acontecer em seguida? A heroína conseguirá fugir? Você se esquece de si mesmo e entra num mundo de fantasia criado pelo autor.

Com este livro, não quero que você se esqueça de si mesmo. Quero que tenha consciência do que está pensando e do que sabe. À medida que você for lendo, espero que perceba as idéias que fazem ou não sentido. São idéias totalmente novas? Elas combinam com o que você sabe? Elas o fazem pensar sobre algo de uma maneira nova?

Talvez você se pegue lendo de modo mais lento, e não mais rápido. Talvez você leia sobre uma nova idéia, e então volte uma página ou mais para ver como essa nova idéia se relaciona com alguma coisa já lida. Este livro não o ajudará a fugir para um mundo de fantasias. Ao contrário, quero levá-lo a aprofundar-se na realidade e mostrar-lhe como observar o mundo com um novo olhar.

Você lembra que fiz uma brincadeira dizendo que em 1609 Galileu encontrou informações sobre o telescópio na internet. Impossível! Ele viveu cerca de 350 anos antes do primeiro computador doméstico. Por que fiz essa brincadeira?

Uma das razões é que tenho um senso de humor esquisito. Admito isso. Outra razão é que quero lembrá-lo de pensar sobre o que você está lendo. Fique atento aos meus truques. Eu nunca vou mentir a você sobre coisas importantes, mas vou incluir um ou outro comentário numa pequena seção chamada "brincadeira", como o de que Galileu usou a internet, por exemplo. Caso você se sinta inseguro, o website guidetoscience tem uma seção "brincadeira" na qual admito todas as minhas travessuras, como a que se refere ao título da canção de John Lennon[2].

A propósito, "Pense sobre o que você está lendo" é um bom conselho para outras coisas que você lê. Especialmente se elas não têm uma seção intitulada "brincadeira".

---

2. A música de John Lennon chama-se, na verdade, "Give Peace a Chance" [Dê uma Oportunidade à Paz].

www.guidetoscience.net

Capítulo 2

DOIS MAIS DOIS IGUAL A HIP-HOP

Abelha + Flor = Mel

As Idéias Científicas Vêm em Tamanhos Diferentes

Uma Idéia Extraordinária

Por que Hip-Hop?

Sistemas Podem Formar um Planeta

Pare & Pense

Capítulo 2 - *Dois Mais Dois Igual a Hip-Hop*

As Idéias Científicas Vêm em Tamanhos Diferentes

No capítulo anterior falamos sobre fotossíntese, uma das grandes idéias científicas. Ela nos ajuda a entender como os vegetais conseguem viver sem comer nada. Como os animais não têm condições de produzir o próprio alimento, a sobrevivência deles depende dos vegetais e de outros animais que se alimentam de vegetais. Assim, a fotossíntese é uma idéia fundamental que nos possibilita compreender como a vida funciona no planeta Terra.

Uma coisa que você precisa saber sobre os cientistas é que eles prestam muita atenção aos detalhes. Uma idéia importante como a da fotossíntese não aparece simplesmente na cabeça de alguém. Muitos cientistas passaram um tempo enorme observando e realizando experimentos com todas as espécies de plantas e árvores. Com o tempo, esses estudos permitiram-lhes compreender que os vegetais utilizam a luz do Sol para combinar dióxido de carbono e água e assim produzir açúcar.

A massa da árvore não provém do solo.

As pessoas acreditavam que os vegetais se alimentavam de terra do mesmo modo que os animais viviam de vegetais. Quase na mesma época em que Galileu observava as luas de Júpiter, Jan Baptista van Helmont realizou um experimento para descobrir a origem da massa das árvores. Ele plantou um salgueiro jovem de 2 kg num vaso com 100 kg de terra. Ele regava a planta normalmente e cuidava para que nada fosse acrescentado à terra. Depois de cinco anos, a árvore cresceu tanto que chegou a pesar 75 kg. A terra, porém, pesava apenas 60 gramas menos do que no início do experimento.

75 kg

2 kg

99,40 g   5 Anos Depois   100 kg   Início

Dois mais dois igual a hip-hop

De onde vieram os 73 kg ganhos pela árvore? Com esse experimento, Helmont provou que a massa da árvore não vinha da terra. Ele concluiu que os 73 kg (madeira, folhas, casca e raízes) vieram da água, no que estava equivocado. Lembre que, de acordo com a fotossíntese, os vegetais usam tanto o dióxido de carbono como a água para produzir o açúcar, que então utilizam para produzir tudo o mais. O resultado é que a maior parte da massa de uma árvore (ou de qualquer vegetal) provém do dióxido de carbono e não da água.

Os vegetais retiram o dióxido de carbono da atmosfera através de minúsculas aberturas que existem em suas folhas. O fato de os vegetais terem estruturas para absorver dióxido de carbono e liberar oxigênio é parte da prova da fotossíntese. Essas aberturas são importantes para os vegetais. Entretanto, comparada com a grande idéia da fotossíntese, a idéia de que as folhas têm aberturas chama menos atenção.

Como você pode ver, a ciência tem muitas idéias e informações. Algumas delas são realmente muito importantes, ao passo que outras são menos significativas. As afirmações a seguir resumem algumas idéias que já analisamos. Elas estão relacionadas em ordem decrescente de importância:

Observe as nove aberturas que aparecem nesta foto de uma folha de cacto, obtida com um microscópio eletrônico.

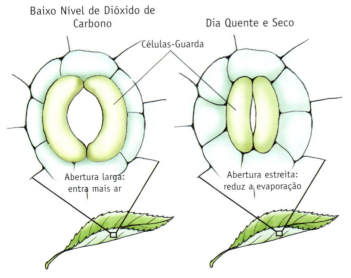

Se a quantidade de dióxido de carbono no ar é menor do que a habitual, as aberturas de ar do vegetal se ampliam para que entre mais ar. Em dias quentes e secos, as aberturas se estreitam para impedir uma evaporação excessiva da água da planta. As folhas têm células especiais chamadas "células-guarda" que aumentam ou diminuem o tamanho das aberturas.

25

Guia do dr. Art para a ciência

Praticamente todos os seres vivos da Terra dependem da captura da energia do Sol pelos vegetais para produzir açúcar por meio da combinação de dióxido de carbono e água.

A atmosfera original da Terra não dispunha essencialmente de oxigênio livre. A atmosfera atual contém oxigênio por causa da fotossíntese.

As plantas têm aberturas nas folhas para possibilitar a entrada e saída de gases.

As aberturas nas folhas podem se alargar ou estreitar.

As células das plantas que aumentam ou reduzem as aberturas são chamadas de células-guarda.

As grandes idéias são importantes, evidentemente. Nós nos preocupamos em ter alimento para comer e oxigênio para respirar. As idéias e os fatos menores são importantes de modo diferente. Os cientistas geralmente chegam a grandes idéias descobrindo ou aprendendo sobre muitas pequenas idéias e observando como elas se relacionam. Os cientistas também precisam conhecer muitos detalhes se querem aplicar o que conhecem para mudar as coisas, como encontrar a cura para uma doença, por exemplo.

A ciência das doenças é outro exemplo de idéias científicas que têm tamanhos diferentes. Médicos e cientistas estudaram as doenças durante centenas de anos sem perceber que

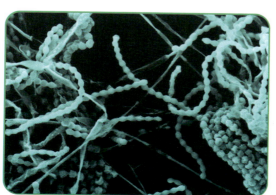

Este material esverdeado produz penicilina, um antibiótico que salva vidas humanas.

26

Dois mais dois igual a hip-hop

Foto da bactéria causadora do antraz, obtida através de microscópio eletrônico.

organismos minúsculos, invisíveis, causavam a maioria desses males. No final do século XIX, o cientista francês Louis Pasteur e o cientista alemão Robert Koch pesquisaram duas doenças, o antraz e a tuberculose. Eles provaram que uma **bactéria** específica causa o antraz e que uma bactéria diferente causa a tuberculose (às vezes chamada de TB). Em pouco tempo, eles e outros cientistas descobriram que muitas outras doenças são causadas por bactérias. Descobriram também que algumas doenças são causadas por germes ainda menores chamados vírus.

Investigando os detalhes de muitas doenças, os cientistas provaram que muitas delas são causadas por organismos muito pequenos que só podem ser vistos com microscópios potentes. Essa grande e importante idéia ficou conhecida como teoria do germe da doença. Os cientistas desenvolveram essa teoria obtendo centenas de informações minuciosas sobre o germe que causa determinada doença, como esse germe nos deixa doentes e como ele passa de uma pessoa para outra. Por exemplo, eles descobriram que a febre amarela é causada por um vírus e que um tipo específico de mosquito transporta o vírus de uma pessoa para outra. Essa compreensão da febre amarela é uma idéia pequena em comparação com a idéia muito maior de que os germes causam doenças.

A teoria do germe indica o que devemos procurar como causa de uma doença. As idéias menores e os detalhes nos ajudam a imaginar como podemos utilizar as informações científicas em nossa vida diária. No caso da febre amarela, aprendemos que podemos nos prevenir contra essa doença

PEQUENA IDÉIA

O mosquito ***Aedes aegypti*** transmite a febre amarela.

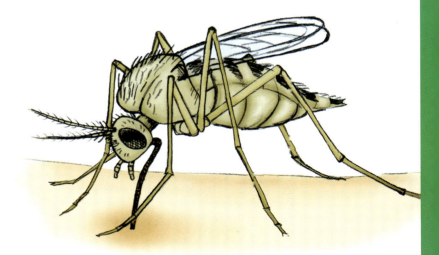

27

livrando-nos do mosquito que infecta as pessoas com o vírus da febre amarela.

Assim, precisamos tanto das grandes idéias (como a da fotossíntese e a da teoria do germe) como dos fatos menos importantes da ciência. Precisamos dos dois tamanhos para fazer ciência e para aprender ciência. Para ensinar e aprender ciência bem, precisamos de um bom equilíbrio entre idéias científicas de muitos tamanhos. Se houver excesso de idéias e fatos pequenos, não compreenderemos como eles se harmonizam e não conseguiremos nos lembrar deles. Por outro lado, se houver muito poucas idéias e fatos menores, não compreenderemos realmente as grandes idéias. Os exemplos e detalhes nos ajudam a entender de onde vieram as grandes idéias e como elas se relacionam com o mundo.

O meu trabalho como educador em ciências e escritor é pegar as grandes idéias mais importantes da ciência e combiná-las com a quantidade certa de idéias menores. Espero que você goste da minha receita. Ela continua agora com uma idéia tão grande que a chamo de Idéia Extraordinária.

Uma Idéia Extraordinária

Quando quero explicar alguma coisa, em geral começo falando em sistemas. Poderíamos tomar como exemplo uma árvore, o planeta Terra, os meios de

Um país tem um sistema de transportes com muitas partes.

O Sol é um sistema com muitas partes.

Uma pulga é um sistema com muitas partes.

Dois mais dois igual a hip-hop

transporte num país, uma doença, uma floresta, uma formiga, a água ou o Sol. Eu gosto tanto da palavra "sistemas" que estou surpreso por ter escrito o primeiro capítulo inteiro sem usá-la.

O que quero dizer com "sistemas" e por que adoro usar essa palavra? Temos um **sistema** sempre que duas ou mais coisas se combinam ou influenciam umas às outras. Usamos a palavra "partes" para as coisas que se combinam ou influenciam mutuamente. Usamos a palavra "todo" para a coisa nova formada pelas partes que se combinaram ou uniram umas às outras. Temos um sistema sempre que partes se combinam ou ligam com outras para formar um todo.

> Temos um sistema sempre que duas ou mais coisas se combinam ou influenciam umas às outras.

Essa não lhe parece uma idéia extraordinária? Talvez você esteja coçando a cabeça ou balançando-a negativamente. Explico melhor o que quero dizer.

Vamos tomar a água como exemplo de um sistema bem simples. Água é "H dois O", o que significa que ela consiste em duas partes de hidrogênio (H) e de uma parte de oxigênio (O). Se expomos a água a uma corrente elétrica, podemos separá-la nos dois gases que a compõem, o hidrogênio e o oxigênio.

Quando decompomos a água, obtemos o dobro de volume de hidrogênio em comparação com o volume de oxigênio. Se voltamos a combinar o hidrogênio com o oxigênio, obtemos água líquida.

Compare as partes do todo. O hidrogênio é um gás altamente explosivo. O oxigênio é um gás necessário para combustão. Quando o hidrogênio e o oxigênio se combinam, eles formam água, um líquido que apaga o fogo. Do ponto de vista dos sistemas, a água é um todo com propriedades muito diferentes daquelas de suas partes.

A eletricidade separa a água em gás hidrogênio e gás oxigênio.

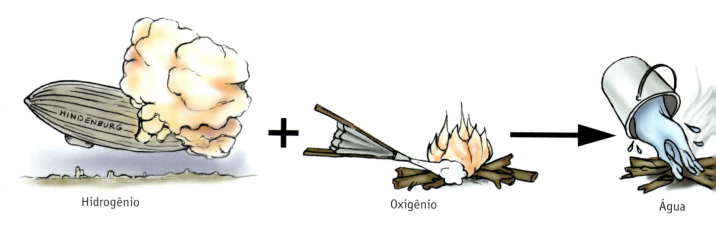

Hidrogênio — Oxigênio — Água

A água como um todo tem propriedades muito diferentes daquelas de suas partes.

O sal de cozinha é outro exemplo. Ele é feito de sódio e cloro. O sódio é um metal brilhante que entra em combustão na presença da água. O cloro é um gás tóxico verde. Colocando-os em contato, obtemos um sólido branco com o qual condimentamos os nossos alimentos. O sal é um todo que tem **propriedades**[1] diferentes das que encontramos em suas partes.

Agora sabemos que sistemas como a água e o sal são constituídos de partes. Também sabemos que sistemas podem ser muito diferentes de suas partes.

É muito útil pensar em termos de sistemas porque estamos rodeados de sistemas de todos os tipos. Na verdade, todos somos nosso próprio pequeno sistema. Cada um de nós é feito de mais de duzentas células diferentes. As células dos nervos, da pele, dos músculos, dos ossos e do sangue se juntam para formar um sistema incrível — um ser humano individual. Todas as estruturas formadas por essas células — nossa pele, músculos, ossos, vasos sanguíneos, órgãos internos — funcionam como um todo interligado.

Um aspecto importante é que cada parte de um sistema é ela mesma um sistema constituído de partes. Como isso funciona? Muito bem, lembre que você é um sistema. Uma das partes do "sistema você" é o sistema circulatório, que é o caminho percorrido pelo sangue através do corpo. Esse sistema circulatório faz parte do "sistema você" maior, mas ele próprio é um sistema com muitas partes.

---

[1] Em ciência, a palavra *propriedade* não significa "coisa possuída por alguém". Consulte o termo na página 253, caso você não conheça bem o significado científico dessa palavra.

Dois mais dois igual a hip-hop

As partes do sistema circulatório incluem o coração, as veias, as artérias e as células sanguíneas. O coração, uma parte do sistema circulatório, é também um sistema constituído de partes. Suas partes incluem quatro setores diferentes, mais válvulas que abrem e fecham para garantir que o sangue flua para o setor apropriado no momento certo. Cada setor do coração também é um sistema composto de diferentes células, como as células musculares e as nervosas.

Ficaríamos atordoados vendo todos esses "sistemas dentro de sistemas dentro de sistemas" em operação dentro de cada um de nós. E a história não termina conosco. Nós não somos o maior sistema de todos. Cada um de nós, por sua vez, faz parte de muitos sistemas mais amplos. Cada um de nós faz parte de um sistema familiar. Cada um de nós faz parte de um ecossistema. Cada um de nós faz parte de todo um sistema humano, que por sua vez faz parte de um sistema de vida neste planeta.

Por que devemos nos interessar por todos esses sistemas dentro de sistemas dentro de sistemas? É porque quando queremos entender alguma coisa, podemos sempre estudá-la como um sistema. Podemos aprender muito sobre ela imaginando quais

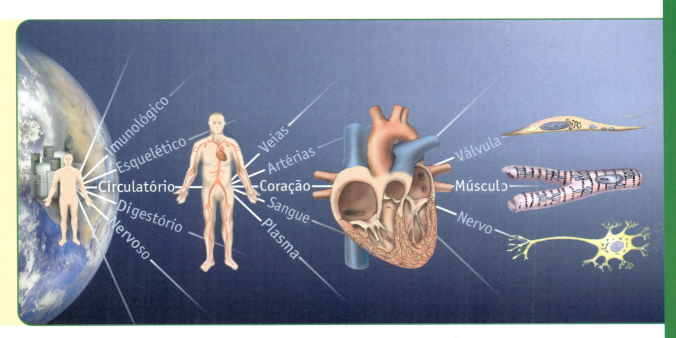

são as suas partes e como essas partes se relacionam umas com as outras. Podemos também aprender muito imaginando como o próprio sistema se insere em sistemas maiores.

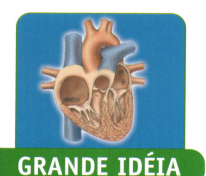

GRANDE IDÉIA

Características importantes dos sistemas:
- cada parte de um sistema pode ela mesma ser descrita como um sistema
- um sistema pode ser muito diferente de suas partes

Em todo este livro usaremos este "modo de pensar por sistemas" para compreender muitas coisas diferentes. Pensando por sistemas compreenderemos mais facilmente de que as coisas são feitas, como o nosso corpo funciona e as formas como os homens afetam o planeta.

Por que Hip-Hop?

Intitulei este capítulo de "Dois Mais Dois Igual a Hip-Hop". O que quero dizer com isso? Essa frase tem alguma coisa a ver com sistemas?

Na verdade, tem. Lembre que a água tem muitas propriedades diferentes do oxigênio e do hidrogênio. Esses dois componentes são gases e ambos sustentam o fogo. Em contraste, a água em temperaturas e pressões normais é um líquido e apaga o fogo. O sal também nos mostrou que um sistema todo tem propriedades muito diferentes de suas partes.

Cada um de nós é um sistema feito de artérias, células sanguíneas vermelhas, estômago e unhas dos dedos. O seu estômago é parte de quem você é, mas você é muito mais do que o seu estômago. Como um todo interligado em funcionamento, você tem características que não existem em nenhuma de suas partes. Você tem propriedades que vão muito além das qualidades de suas partes.

O ditado popular "o todo é maior que a soma de suas partes" descreve essa importante característica do sistema. Essas palavras são muito mais profundas do que podem parecer à primeira vista. Quando dizemos que o todo é maior do que a soma de suas partes, queremos dizer que o sistema inteiro tem qualidades diferentes das qualidades de suas partes.

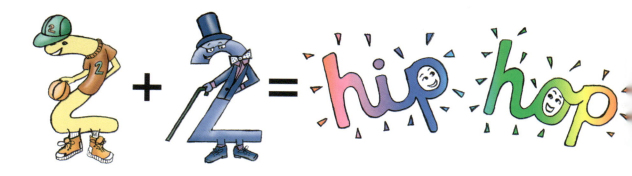

Dois mais dois igual a hip-hop

Pense sobre isso dessa maneira. Todos aprendemos que dois mais dois é igual a quatro. Quando você ouve que o todo é maior que a soma de suas partes, você poderia pensar que isso significa que dois mais dois é igual a seis. Entretanto, a diferença entre a água líquida e o gás hidrogênio não é igual à diferença entre quatro e seis. Não se trata de uma diferença em quantidade, mas de uma diferença em qualidade. Não é uma diferença no quanto, mas no tipo de coisa.

A água líquida é tão diferente do gás hidrogênio quanto o hip-hop é diferente de uma cadeira. O sal é tão diferente do metal sódio quanto o hip-hop é diferente de uma lição de casa. Você é tão diferente do seu estômago quanto o hip-hop é diferente de uma laranja.

Expressamos essa realidade dizendo que o todo é qualitativamente diferente de suas partes. Essas diferenças qualitativas são muito mais importantes do que um simples aumento na quantidade. Agora podemos escrever nossa Idéia Extraordinária dos Sistemas como:

O todo é qualitativamente maior que a soma de suas partes.

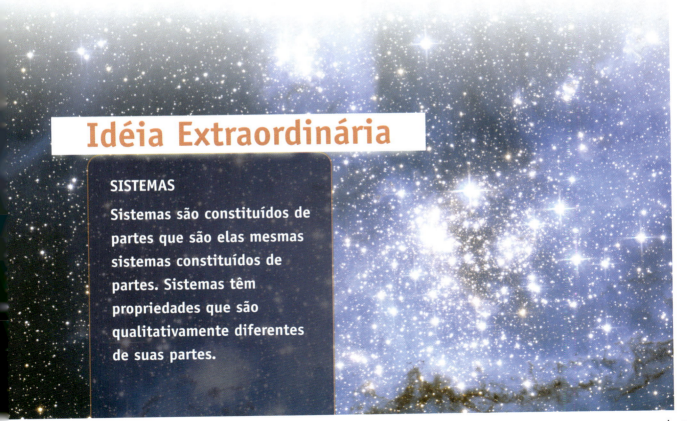

Idéia Extraordinária

SISTEMAS

Sistemas são constituídos de partes que são elas mesmas sistemas constituídos de partes. Sistemas têm propriedades que são qualitativamente diferentes de suas partes.

33

Sistemas Podem Formar um Planeta

Sem saber, quando criança você brincava criando sistemas. Provavelmente você se divertia com brinquedos que tinham algumas partes com as quais podia fazer muitas coisas diferentes. Com apenas algumas partes diferentes, você podia montar objetos os mais diversos. Esses objetos eram diferentes das simples peças de montar e também diferentes entre si.

Mostrarei no próximo capítulo como você pode formar um planeta inteiro, como a Terra, com apenas três partes diferentes. Como você sabe, a Terra tem milhões de coisas diferentes. Entretanto, como as partes podem se combinar para formar sistemas com qualidades muito diferentes, podemos usar apenas três partes para fazer todas essas coisas diferentes da Terra, inclusive você e eu. É por isso que digo que a idéia dos sistemas é uma idéia verdadeiramente extraordinária da ciência.

PARE & PENSE

Parte do aprendizado sobre o nosso mundo através da ciência implica a compreensão de palavras novas. Por exemplo, fotossíntese é uma palavra inventada pelos cientistas. Ela faz parte do aprendizado da ciência. A palavra fotossíntese não tem nenhum outro significado além do científico. Você não ouve ninguém dizer, "Eu tenho uma fotossíntese de que pessoas de cabelo ruivo se irritam com mais freqüência do que pessoas de cabelo preto".

Em contraste, algumas palavras usadas nas ciências são em geral empregadas fora da área científica. Muitas vezes o significado científico dessas palavras pode ser muito diferente do seu significado comum. Neste capítulo, mencionei a teoria do germe da doença. A palavra "teoria" não foi inventada por cientistas. É uma palavra comum. Você pode ouvir alguém dizer, "Eu tenho uma teoria de que pessoas de cabelo ruivo se irritam com mais freqüência do que pessoas de cabelo preto".

Esse modo de usar a palavra "teoria" é muito diferente da aplicação dos cientistas. Na linguagem comum, uma teoria pode ser qualquer idéia sobre como uma coisa influencia outra. Poderia ser uma idéia completamente extravagante (Tenho uma teoria de que criaturas invisíveis da Lua causam o trovão) até algo muito razoável (Tenho uma teoria de que pessoas que crescem em famílias numerosas tendem a ter mais de dois filhos).

Os cientistas empregam essa palavra numa acepção bem diferente. Uma teoria científica relaciona muitos fatos e observações. Ela mostra como todos fazem sentido em termos de uma grande idéia. A teoria do germe não é uma idéia tola sobre criaturas da Lua. Ao contrário, ela explica milhares de observações de doenças como o resfriado comum, a gripe, a TB, o sarampo, o tétano e cáries dentárias.

Em nossa linguagem comum, você diria que um fato é mais sólido do que uma teoria. Em ciências, o oposto é verdadeiro. Como uma teoria científica é sustentada por muitos fatos, ela é realmente muito mais sólida do que qualquer fato particular.

www.guidetoscience.net

PARE & PENSE
CONTINUAÇÃO

Enquanto você lê este livro, preste atenção ao encontrar uma palavra nova. Procure imaginar o que ela significa pela forma como é empregada na frase. Verifique também se frases ou desenhos próximos ajudam a deduzir o seu significado.

Verifique ainda se a palavra consta no "Glíndice" no fim do livro (ver página 250). Eu inventei a palavra Glíndice baseado nas palavras Glossário (o lugar num livro que define as palavras que são empregadas nesse livro) e Índice (o lugar num livro que diz onde você pode encontrar palavras ou idéias específicas nesse livro). O Glíndice Guia para a Ciência informa onde você pode encontrar idéias e palavras específicas e o ajuda a compreender o que elas significam.

A propósito, o website guidetoscience também tem um glíndice que inclui ouvir um computador programado para produzir um som semelhante ao emitido pelo dr. Art pronunciando as palavras em inglês.

Exemplos do Glíndice

Sistema — temos um sistema sempre que partes se combinam ou juntam para formar um todo. Esse todo é qualitativamente maior que a soma de suas partes. Você, o seu sistema circulatório, a água e o sal de cozinha são exemplos de sistemas. Páginas 28-34.

Teoria — explicação científica do mundo natural baseada em evidências as mais diversas. A teoria do germe da doença é um exemplo de teoria. Páginas 28, 35.

www.guidetoscience.net

Guia do dr. Art para a ciência

Capítulo 3 –
Qual é o Problema?

Milhões de 92

Na Terra, podemos ver e tocar milhões de diferentes objetos. Durante alguns minutos, faça uma lista de tudo o que lhe vier à mente. Comece com o que você pode ver, sentir, tocar, ouvir e cheirar neste momento. Se ainda houver espaço no papel, inclua todas as partes dos objetos relacionados e as partes dessas partes. Amplie ainda mais a lista incluindo todas as experiências que você teve nas últimas 24 horas ou comparando a sua lista com a de outra pessoa. Concentre-se por alguns momentos em cada item da sua lista. De que ele é feito? Ao longo da história, os homens sempre se empenharam em compreender como esses milhões de coisas diferentes podiam existir. Uma explicação é que todas elas podiam ser feitas com um número muito menor de materiais básicos.

Observando uma cidade, você vê muitas construções. Vê edifícios os mais diversos, com uma ampla variedade de formas, dimensões e cores. Entretanto, todos esses diferentes edifícios são construídos com um número bem menor de materiais — madeira, vidro, ferro, concreto, tinta e plástico. Talvez os milhares de coisas diferentes na Terra sejam todas feitas com um número muito menor de materiais de construção.

Para os antigos gregos tudo era feito de quatro **elementos** — terra, ar, fogo e água. Tudo no mundo era resultado de uma combinação desses quatro elementos de modos diferentes. Nessa visão, as pessoas também são constituídas desses quatro elementos. Temos

GRANDE IDÉIA

Milhões de coisas diferentes podem ser feitas com uns poucos materiais de construção.

Qual é o problema?

evidências disso no ar que entra e sai do nosso corpo, na nossa temperatura (fogo), em nossa carne e ossos sólidos (terra) e nas partes líquidas (sangue, suor, lágrimas). Entretanto, um grego antigo chamado dr. Artostóteles fracassou ao tentar construir um ser humano misturando 60 xícaras de água, 20 vasinhos de terra, 10 sopros de ar e 2 pequenas fogueiras.

Segundo os gregos, os quatro elementos eram as únicas coisas totalmente puras. Tudo o mais era feito combinando dois ou mais desses elementos corretamente. A idéia grega de um elemento tem duas partes correlacionadas:

> **Definição Grega de um Elemento**

Tudo é feito de elementos. Se dividirmos alguma coisa muitas vezes, veremos que ela é feita de um ou mais dos quatro elementos.

Não podemos decompor nenhum desses quatro elementos em alguma coisa diferente.

Embora não aceite os mesmos quatro elementos, a ciência moderna seguiu o mesmo raciocínio dos antigos gregos. Em vez de quatro elementos, descobrimos que existem 92 elementos naturais em nosso planeta. Todos os milhões de coisas diferentes da Terra são formadas pela combinação desses 92 elementos de maneiras diferentes.

A água, um dos quatro elementos gregos, ajuda-nos a compreender por que a ciência aumentou o número de elementos de quatro para 92. Se a água fosse um elemento, ela não poderia ser decomposta em elementos mais simples. No entanto, os cientistas descobriram que ela pode ser facilmente dividida em dois componentes mais simples.

A água não é um elemento. Ela é composta de hidrogênio e oxigênio.

O ar é uma mistura de nitrogênio, oxigênio, água e dióxido de carbono.

39

Guia do dr. Art para a ciência

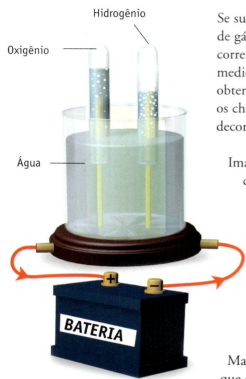

A água não é um elemento. Ela pode ser decomposta em partes constituintes mais simples.

Se submetermos a água à ação de uma corrente elétrica, veremos bolhas de gás formar-se e desprender-se. Se fizermos o experimento corretamente, poderemos coletar dois gases diferentes surgindo da água à medida que ela se decompõe. Se misturarmos novamente os gases, obteremos água. Esses gases são os elementos hidrogênio e oxigênio. Nós os chamamos de elementos porque, diferentemente da água, não é fácil decompô-los em componentes mais simples.

Imagine que você seja proprietário de uma empresa cuja tarefa seja construir um planeta como a Terra. Inicialmente, essa parece uma tarefa impossível. Você precisaria manter um estoque de todos os milhões de tipos de coisas diferentes. Agora, porém, você sabe que esse trabalho não é tão impossível assim. Teoricamente, você precisaria de apenas 92 depósitos para armazenar os seus materiais de construção. Sempre que precisasse de alguma coisa como uma pedra, uma folha ou um dente, bastaria você reunir os elementos específicos que compõem o objeto desejado e misturá-los de modo correto.

Mas o seu trabalho será ainda mais fácil que isso. A maioria das coisas que estão na superfície ou no interior do planeta Terra é feita de poucos elementos. Você precisará de grandes quantidades de alguns elementos, como hidrogênio, oxigênio, carbono, nitrogênio, ferro e sílica. Eles entram na composição da água, do solo, do ar e de organismos vivos. Você precisará de quantidades menores de outros elementos, como alumínio, enxofre e cloro. Para muitos elementos, como platina e hélio, os depósitos podem ser bem menores, pois estão presentes na Terra em quantidades bem pequenas.

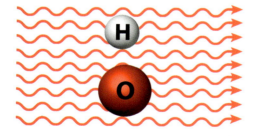

Não é fácil decompor o hidrogênio ou o oxigênio em componentes mais simples.

Nossa Idéia Extraordinária dos Sistemas nos ajuda a entender por que isso é assim. Os 92 elementos são as partes do sistema Terra. Quando dois ou mais desses elementos se combinam, eles formam novos elementos, todos com propriedades diferentes das partes. Imagine todas as possíveis formas de combinação das 92 coisas diferentes. Não admira que tenhamos milhões de coisas diferentes em nosso planeta.

Qual é o problema?

Veja como já chegamos longe na compreensão da natureza das coisas. Em vez de imaginar como milhões de coisas diferentes são feitas, precisamos nos ocupar apenas com 92 elementos. Você poderia pensar que é só isso que temos de saber, mas normalmente a ciência esconde outra pergunta na manga.

O que torna esses elementos diferentes uns dos outros? A resposta a essa pergunta resultou de pesquisas sobre as menores porções possíveis de um elemento. Demócrito, um daqueles pensadores gregos a que me referi, deu-nos a palavra que usamos atualmente para essas menores partes possíveis de um elemento. Nós não só herdamos uma palavra nova, mas também chegamos a uma compreensão muito mais profunda dos elementos.

Átomos

Comecemos com a definição grega de um elemento, atualizando-a. A idéia de um elemento continua tendo duas partes:

> *Tudo é feito de elementos. Decompondo uma coisa, veremos que ela é feita de um ou mais dos 92 elementos.*
>
> *Não podemos decompor nenhum desses 92 elementos em algo diferente.*

Definição Grega Atualizada de um Elemento

O que acontece quando tentamos decompor um elemento? O ouro é um exemplo especialmente bom. Pegamos uma barra de ouro e a esquentamos até derreter. A substância líquida ainda se comporta como ouro. Você pode submetê-la a uma carga elétrica potente e mesmo assim ela se comporta como ouro. Você pode bater até transformá-la numa lâmina finíssima e ela ainda se comporta como ouro.

Como exemplo, a cúpula do Edifício do Capitólio do Estado de Wyoming é revestida com uma folha de ouro. A área dessa cúpula é de 240 metros quadrados, e no entanto foram necessários menos de 30 gramas de ouro para revesti-la. Isso é possível porque a folha de ouro é extremamente fina (cerca de 0,00005 de polegada). Seriam necessárias 20.000 folhas de ouro empilhadas uma sobre as outras para se obter a espessura de uma polegada. No entanto, essa folha de ouro incrivelmente fina ainda conserva a cor, o brilho e a resistência do ouro. Ainda é ouro.

Essa cúpula foi totalmente revestida com menos de 30 gramas de ouro.

Assim, até que ponto podemos reduzir uma barra de ouro? De fato, existe um limite mínimo a que se pode chegar para que o ouro ainda se comporte como ouro. Se você tornar uma folha de ouro 10.000 vezes mais fina, até chegar a 0,000000005 de uma polegada (0,000000013 centímetros) de espessura, você terá a menor porção possível de material que ainda é ouro. Damos a essa porção extremamente pequena o nome de átomo de ouro.

Um átomo é incrivelmente pequeno. Só recentemente conseguimos fotografar átomos usando microscópios muito potentes. O cobalto é um elemento metálico, com propriedades magnéticas semelhantes às do ferro. A foto mostra átomos de cobalto (em azul) sobre um fundo de cobre.

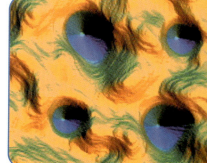

Qual é o problema?

Procure fazer o exercício a seguir para ter uma idéia das dimensões de um átomo. Pegue uma folha de papel com 28 cm de comprimento por 2,5 cm de largura. Corte-a pela metade. Despreze uma das metades, e corte a outra pela metade. Continue fazendo isso até não conseguir mais cortar o papel pela metade. Para ter uma idéia do tamanho de um átomo, você teria que cortar o papel mais umas 20 vezes.

Podemos agora expandir a nossa definição de elemento dizendo que ele é composto de átomos. A menor porção de um elemento que podemos ver contém zilhões de átomos desse elemento. Cada um desses átomos é essencialmente o mesmo que qualquer outro átomo desse elemento.

PARE E PENSE! Há outra pergunta científica escondida na manga dessa descrição de elementos e átomos.

Que pergunta é essa? Escreva-a; escreva também qual possa ser, na sua opinião, a resposta a essa pergunta. (Dica: se você não tem muita certeza de qual seja a pergunta, leia os três parágrafos acima, começando no que inicia com, "Assim, até que ponto podemos reduzir uma barra de ouro?")

Uma maneira de fazer essa pergunta científica é: "O que acontece quando dividimos o átomo em porções?" Escrevi que a menor porção possível de um elemento é um átomo desse elemento. Podemos quebrar um átomo? Em caso afirmativo, o que acontece?

É preciso uma quantidade incrivelmente grande de energia, mas, sim, podemos quebrar os átomos. Quando quebramos um átomo de ouro, ele deixa de ser um átomo de ouro. Se pudéssemos quebrá-lo em todos os seus pedaços, teríamos partes diferentes que chamamos de **partículas subatômicas.** "Subatômico" significa menor do que um átomo, e "partícula" é outra palavra para pedaço.

43

Os mesmos resultados acontecem com outros elementos. Se quebramos um átomo de um elemento, ele deixa de ser esse elemento. Obtemos as mesmas partículas subatômicas quebrando qualquer elemento.

Agora posso apresentar uma definição aperfeiçoada de um elemento. A idéia de elemento tem agora três partes:

> *Tudo é feito de elementos. Quebrando alguma coisa, veremos que ela é feita de um ou mais dos 92 elementos.*
>
> *Qualquer pedaço de um elemento é feito de átomos desse elemento. Cada um desses átomos é essencialmente o mesmo que qualquer outro átomo desse elemento.*
>
> *Podemos quebrar um átomo de um elemento em partículas subatômicas. Quando fazemos isso, ele deixa de ser esse elemento.*

Definição Aperfeiçoada de um Elemento

Observe que a nossa definição inclui duas mudanças. Ela contém a nova idéia de átomo e também diz que podemos quebrar um elemento em pedaços tão pequenos que ele não é mais esse elemento.

Átomos São Sistemas

Podemos quebrar um átomo em partes. Portanto, átomos são sistemas. Cada átomo é um todo organizado constituído de partes.

Apresento-lhe agora o meu modo preferido de compreender um sistema. Pegue o sistema e acrescente água. Chacoalhe rapidamente durante quinze minutos. Quer dizer, chacoalhe-se você rapidamente, não o sistema. Deixe o sistema de lado. Deite-se e descanse; pense sobre o que você aprendeu.

Se isso não funciona (o que, devo admitir, acontece na maioria das vezes), eu aplico um método que funciona bem melhor. Nesse método, eu pergunto e procuro responder três perguntas sobre o sistema. Seja qual for o sistema, sempre posso

Qual é o problema?

compreendê-lo melhor perguntando e tentando responder essas três perguntas sobre sistemas:

> *Quais são as partes do sistema?*
>
> *Como o sistema funciona no seu conjunto?*
>
> *Como esse sistema faz parte de sistemas maiores?*

Este livro oferecerá muitos exemplos que nos ajudarão a compreender um sistema formulando e respondendo essas três perguntas.

Começando com a primeira, podemos responder a uma pergunta tão grande que ela não consegue se esconder na manga da ciência. Por que os elementos são diferentes uns dos outros?

Como os elementos são compostos de átomos, a resposta provavelmente tem alguma coisa a ver com os átomos. Mas o que torna um átomo diferente do outro? Por que um átomo é hidrogênio, enquanto outro é oxigênio ou ouro?

Oxigênio

Carbono
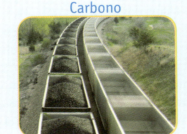

Ouro

Por que um átomo é ouro, outro é carbono e um terceiro é oxigênio?

45

Partes do Átomo

Eis a pergunta nº 1: **Quais são as partes do átomo?** Eu já lhe disse que os átomos podem ser quebrados em partículas subatômicas.

\multicolumn{4}{c}{TRÊS PARTÍCULAS SUBATÔMICAS}
Partícula	Tamanho	Carga Elétrica	Efeito do Acréscimo ou da Remoção
PRÓTON	"Grande"	+1	O acréscimo ou a remoção de prótons transforma um elemento em outro.
ELÉTRON	"Pequeno"	−1	O elemento permanece o mesmo após o acréscimo ou a remoção de elétrons, mas sua carga elétrica muda.
NÊUTRON	"Grande"	0	O elemento permanece o mesmo após o acréscimo ou a remoção de nêutrons, mas seu peso muda. O átomo pode ficar mais ou menos estável.

Existem muitas partículas subatômicas diferentes, mas basta que prestemos atenção às três principais. Quando quebramos um elemento em porções, os três pedaços principais que obtemos são chamados de **prótons**, **elétrons** e **nêutrons**.

Como mostra o Quadro, as três partículas subatômicas diferem no tamanho e na carga elétrica. Comparados com o elétron, tanto o próton como o nêutron são grandes. Claro, como são menores do que o átomo, de fato não são grandes. O próton e o nêutron são quase do mesmo tamanho, mas têm uma massa 2.000 vezes maior que a do elétron. O próton e o elétron têm cargas elétricas contrárias, chamadas +1 e −1. A carga elétrica do nêutron é zero.

A última coluna responde à nossa pergunta sobre o que torna um elemento diferente do outro. Essa coluna compara o que acontece quando acrescentamos ou retiramos as diferentes partículas subatômicas do átomo de um elemento. Se alteramos o número de prótons, transformamos o átomo em outro elemento. Essa grande mudança não ocorre quando mudamos o número de elétrons ou de nêutrons.

Qual é o problema?

Veja o oxigênio, por exemplo. Se acrescentamos dois prótons a um átomo de oxigênio, ele passa de oxigênio a neon! Podemos usar o neon em anúncios luminosos, mas se queremos um gás para respirar, temos de escolher sempre o oxigênio. Essa é uma transformação enorme. A mudança no número de prótons de um átomo faz com que ele deixe de ser aquele elemento e se transforme em outro elemento. O número de prótons torna os elementos diferentes uns dos outros.

O que acontece se acrescentamos dois elétrons a um átomo de oxigênio? Ele continua oxigênio, mas agora o átomo tem uma carga elétrica de menos dois. Essa carga altera algumas características do seu comportamento, mas ele ainda continua oxigênio.

O que acontece se acrescentamos dois nêutrons a um átomo de oxigênio? Ele continua sendo oxigênio, mas agora o átomo tem mais massa do que antes. O acréscimo de massa pode tornar um átomo mais estável ou menos estável. No caso do oxigênio, o acréscimo de dois nêutrons torna-o menos estável, e ele se torna radioativo.

GRANDE IDÉIA

O número de prótons torna os elementos diferentes uns dos outros.

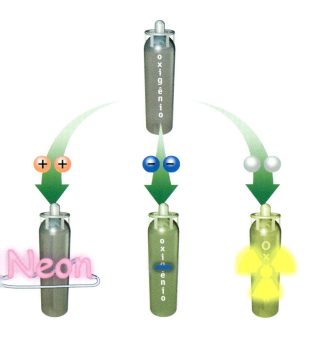

O hidrogênio, o elemento mais simples, tem só um próton. O hélio tem dois prótons; o carbono tem seis; o nitrogênio, sete; o oxigênio, oito; o neon, dez; o ouro, 79; e o urânio, o elemento natural mais complexo, tem 92 prótons. Cada átomo de hidrogênio tem um próton, cada átomo de oxigênio tem oito prótons e cada átomo de urânio tem 92 prótons.

Guia do dr. Art para a ciência

Agora que você conhece as partículas subatômicas, posso finalmente apresentar a definição moderna de um elemento. Essa definição ainda tem três partes.

Definição Moderna de um Elemento

Tudo é feito de elementos. Quebrando alguma coisa, veremos que ela é feita de um ou mais dos 92 elementos.

Qualquer pedaço de um elemento é constituído de átomos desse elemento. Cada um desses átomos tem o mesmo número de prótons.

Se alteramos o número de prótons, o átomo deixa de ser esse elemento e se transforma num elemento diferente.

Nessa definição moderna, destacamos que os elementos são diferentes uns dos outros porque os átomos dos elementos têm números diferentes de prótons.

Átomos como um Todo

Lembre que estamos trabalhando com as três perguntas sobre sistemas do dr. Art para compreender os átomos. A resposta à primeira pergunta sobre as partes do átomo nos ajuda a entender algo que, de certo modo, nos deixa mais inteligentes do que os antigos gregos.

De modo semelhante, até o século XIX, muitos europeus tentaram transformar um elemento em outro. Queriam principalmente transformar chumbo em ouro. Eles jamais conseguiriam porque não sabiam o que você sabe sobre elementos e partículas subatômicas. Nenhum dos métodos que eles tentaram teria qualquer possibilidade de alterar o interior dos átomos. Entre os que faziam experiências assim estavam alguns dos mais famosos cientistas da época, como *sir* Isaac Newton, que descobriu as Leis do Movimento, explicou pela primeira vez como a gravidade funciona na Terra e no sistema solar e também foi Mestre da Casa da Moeda da Inglaterra durante 27 anos. Conhecendo as partes do átomo, você não consegue transformar chumbo em ouro, mas sabe alguma coisa sobre os elementos; Newton teria oferecido muitas moedas de ouro para obter esse conhecimento.

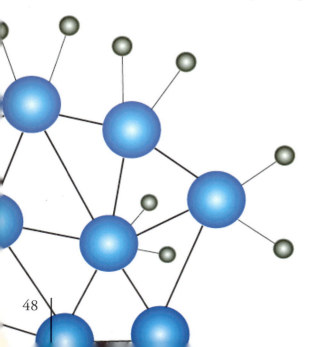

48

Qual é o problema?

A segunda pergunta sobre sistemas é: **Como o átomo funciona no seu conjunto?** A primeira coisa a fazer ao responder essa pergunta é observar como as partes se relacionam entre si para formar um sistema.

Por volta de 1900, os cientistas já sabiam que os átomos têm cargas elétricas positiva e negativa. Eles pensavam que essas cargas se distribuíam uniformemente pelo átomo. Em 1908, um cientista da Nova Zelândia chamado Ernest Rutherford resolveu testar essa idéia disparando partículas com carga positiva sobre uma fina lâmina de ouro.

Rutherford tinha duas questões em mente: 1) O que acontece quando partículas carregadas positivamente são disparadas sobre uma lâmina de ouro fina? 2) O que esse experimento nos dirá sobre o interior do átomo? Ele imaginava que as partículas positivas atravessariam a lâmina de ouro porque elas eram muito grandes em comparação com qualquer coisa que houvesse no interior do átomo.

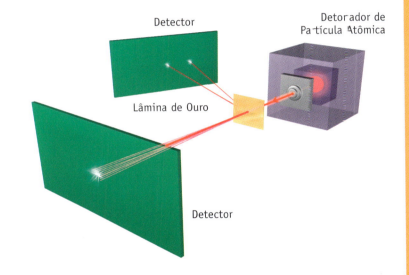

Entretanto, Rutherford e toda a comunidade científica ficaram surpresos ao descobrir que algumas dessas partículas altamente velozes rebatiam na lâmina de ouro e voltavam. Rutherford repetiu inúmeras vezes que esses resultados o deixaram tão perplexo quanto se ele tivesse disparado uma bala de canhão contra um papel de seda e a bala voltasse para ele.

Rutherford havia descoberto o que chamamos de **núcleo atômico**, a minúscula região central do átomo que contém praticamente toda a sua massa. Seus experimentos resultaram num modelo do átomo que ainda hoje é adotado. Os projéteis subatômicos rebateram e voltaram porque tinham atingido o núcleo atômico. Esse núcleo ocupa uma pequeníssima fração do espaço do átomo. Em sua grande maioria, as partículas subatômicas de Rutherford não chegavam nem perto do núcleo e por isso passavam diretamente pelo átomo com apenas um pequeno desvio em sua trajetória.

Guia do dr. Art para a ciência

O Quadro das três partículas atômicas inclui agora uma coluna que mostra sua localização. Observe que os prótons e nêutrons estão no núcleo do átomo. Os minúsculos elétrons encontram-se na eletrosfera do átomo.

TRÊS PARTÍCULAS SUBATÔMICAS				
Partícula	Localização	Tamanho	Carga Elétrica	Efeito do Acréscimo ou da Remoção
PRÓTON	Núcleo	"Grande"	+1	O elemento se transforma em outro elemento.
ELÉTRON	Eletrosfera	"Pequeno"	−1	O elemento permanece o mesmo, mas sua carga elétrica muda.
NÊUTRON	Núcleo	"Grande"	0	O elemento permanece o mesmo, mas seu peso muda. O átomo se torna mais ou menos estável.

Você pode ter visto representações de átomos com elétrons girando em torno de um núcleo central. Entretanto, nenhum desenho consegue representar com exatidão o interior de um átomo. Em primeiro lugar, ele nunca caberia numa página, numa lousa ou na tela do computador. Tomemos uma bolinha de gude para representar o núcleo de um átomo. Se colocássemos a bolinha no centro do Maracanã, os elétrons seriam representados por partículas de poeira torcendo pelo time da casa nas arquibancadas.

O núcleo seria do tamanho de uma bolinha de gude no centro e os elétrons seriam partículas de poeira girando na eletrosfera.

A maior parte do átomo é de espaço vazio. Espero que você ache isso estranho. Tudo o que nos parece tão sólido é feito de átomos que são principalmente espaço vazio. Infelizmente, neste capítulo, não posso ajudá-lo a compreender como isso pode acontecer. Você terá que esperar até o próximo capítulo.

Qual é o problema?

Átomos como Parte de Sistemas Maiores

Quase no início deste capítulo, eu disse que você poderia fazer um planeta com apenas 92 depósitos, um para cada elemento diferente. Esses elementos entram em combinação para compor todas as coisas. Como os elementos são feitos de átomos, as coisas que se combinam são de fato os átomos do elemento.

Veja a água, por exemplo. O nosso líquido mais importante consiste em dois átomos de hidrogênio combinados com um átomo de oxigênio (símbolo H_2O). O hidrogênio e o oxigênio podem se combinar de outra maneira para formar peróxido de hidrogênio, uma substância química que usamos como alvejante e para matar bactérias. O peróxido de hidrogênio consiste em dois átomos de hidrogênio combinados com dois átomos de oxigênio (símbolo H_2O_2).

Os mesmos dois elementos podem se combinar para formar coisas bem diferentes. Precisamos de água para viver. Ingerindo peróxido de hidrogênio puro podemos morrer.

Água e peróxido de hidrogênio são exemplos de um sistema maior que resulta da combinação de dois ou mais átomos. Cada um deles tem propriedades muito diferentes dos elementos que constituem suas partes (átomos de hidrogênio e átomos de oxigênio). Sempre que dois ou mais elementos diferentes formam uma combinação, dizemos que eles constituem um *composto*. Um composto sempre terá propriedades diferentes de suas partes.

Quando quebramos o nosso pedaço de ouro em porções cada vez menores, obtivemos uma porção tão pequena que se a quebrássemos mais uma vez, o ouro não seria mais ouro. Demos o nome de "átomo" a essa menor porção possível.

O que acontece quando pegamos uma amostra de água e a dividimos em quantidades cada vez menores? Acabamos chegando a uma porção que não é mais possível dividir. Nessa porção, temos algo que consiste em dois átomos de hidrogênio ligados a um átomo de oxigênio.

51

Guia do dr. Art para a ciência

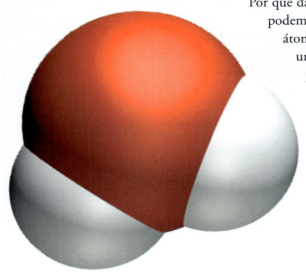

Por que damos o nome de água a essa menor porção? Não podemos chamá-la de átomo de água. Usamos a palavra átomo apenas para elementos. A água é um composto, não um elemento. Por isso, os cientistas precisam usar uma palavra nova para identificar a menor porção de um composto: molécula.

No parágrafo anterior definimos uma molécula como a menor porção de um composto. Veja outra definição um pouco mais precisa. Sempre que dois ou mais átomos se juntam, eles formam uma molécula. Uma **molécula** é a partícula formada por dois ou mais átomos que se juntam.

As moléculas mais simples são as formadas por apenas dois átomos. As maiores podem conter centenas de milhares de átomos agrupados de uma forma muito precisa. Exemplos dessas moléculas maiores são os plásticos, a proteína, o DNA e o amido.

Milhões de Três

A nossa tarefa de fazer o planeta Terra ficou bem mais fácil. Não precisamos de depósitos para um milhão de coisas diferentes. Para começar, não precisamos nem mesmo de 92 coisas diferentes. Podemos fazer todos os 92 elementos diferentes usando apenas três componentes básicos. Precisamos apenas ser capazes de armazenar e juntar os três diferentes componentes que usaremos para fazer os 92 diferentes elementos. Combinaremos então esses elementos para fazer qualquer coisa no nosso planeta.

GRANDE DEFINIÇÃO

Uma molécula é a partícula que se forma quando dois ou mais átomos se juntam.

Qual é o problema?

Eis uma receita para alguns elementos.

RECEITA PARA ALGUNS ELEMENTOS			
Elemento	Prótons	Elétrons	Nêutrons
Hidrogênio	1	1	0
Carbono	6	6	6
Oxigênio	8	8	8
Ouro	79	79	118

Nós certamente queremos água. Primeiro fazemos hidrogênio combinando um próton com um elétron. Em seguida fazemos oxigênio combinando oito prótons, oito elétrons e oito nêutrons. Depois, para cada molécula de água, combinamos dois átomos de hidrogênio com um átomo de oxigênio. Repetimos isso inúmeras vezes e teremos água suficiente para encher um copo. Vamos fazer um brinde à matéria! Saúde!

Pare & Pense

Alguns leitores acham que ler significa pronunciar corretamente as palavras. Isso é o mesmo que dizer que comer é principalmente mastigar o alimento, em vez de saboreá-lo e nutrir-se. Sim, você precisa mastigar o alimento. Sim, você precisa saber como formar palavras com as letras e pronunciá-las corretamente. Mas ler é acima de tudo compreender (saborear) e desenvolver-se em decorrência do que você aprende (nutrição).

Bons leitores recorrem a muitas estratégias para compreender o máximo possível. Às vezes eles nem mesmo têm consciência dos métodos que seguem quando lêem. Você pode se tornar um leitor melhor conscientizando-se das estratégias de leitura que talvez já esteja adotando, e aprendendo e praticando outras novas.

Como os cientistas, bons leitores perguntam e respondem. Você já pode estar fazendo isso, mas pode não se dar conta de que faz perguntas enquanto lê. Perguntar e responder pode ser uma estratégia muito eficaz para ajudá-lo a compreender o que lê.

Vejamos uma frase deste capítulo para ilustrar o que quero dizer. Depois de descrever o experimento de Rutherford, escrevi: Rutherford havia descoberto o que chamamos de núcleo atômico, a minúscula região central do átomo que contém praticamente toda a sua massa.

Se você nunca tivesse ouvido falar do núcleo do átomo, parte do seu cérebro poderia perguntar, "O que essa palavra significa?" Para responder a essa pergunta você daria uma olhada no restante do parágrafo para descobrir mais alguma coisa sobre o núcleo e a estrutura interna do átomo. Você também poderia olhar com atenção a ilustração do experimento de Rutherford para ver se ela mostra a localização do núcleo. Você poderia ainda consultar o Glíndice, na página 240, para ver se essa seção tem algo a dizer sobre o núcleo atômico.

Outro exemplo. Ao ler que Rutherford se surpreendeu com o resultado que obteve, você poderia se perguntar se compreende por que ele ficou tão surpreso. Se a resposta fosse negativa, isso significaria que você provavelmente deveria repetir a leitura.

www.guidetoscience.net

54

Capítulo 4

ENERGIA
E O BAILE DE ANIVERSÁRIO DE 50 ANOS DO DR. ART

- Estudo da Energia
- Formas de Energia
- Energia do Movimento
- Energia Química
- Por que a Matéria é Dura
- Pare & Pense

Capítulo 4 – Energia e o Baile de Aniversário de 50 Anos do Dr. Art

Estudo da Energia

Podemos construir um planeta com 92 elementos que se combinam para formar todas as substâncias sólidas, líquidas e gasosas. Entretanto, se tudo o que temos são os 92 elementos e suas combinações, dificilmente acontecerá alguma coisa. Poderíamos dar ao planeta o nome de "Enfadonho". O Planeta Enfadonho não inclui uma característica importante do nosso planeta. O Planeta Enfadonho não tem **energia** para pôr as coisas em movimento.

Sem energia, nem mesmo poderíamos criar o Planeta Enfadonho. Precisamos de energia para combinar os elementos nos milhares de tipos diferentes de coisas. Precisamos de energia para colocar essas coisas nos seus devidos lugares.

Assim, o que é energia? Usamos a palavra energia em nossa linguagem diária. Quando vemos pessoas correndo ou praticando esportes, dizemos que elas têm muita energia. Sabemos que nosso carro e nossa casa consomem muita energia. Sentimos a energia do Sol e sabemos que o alimento nos fornece energia.

Energia é também uma palavra da ciência. Na ciência, podemos medir a quantidade de energia que existe numa bola de sorvete, num lago quente, num litro de gasolina, num furacão e numa bateria. Com a ciência, podemos medir exatamente quanta energia um tigre consome ao correr.

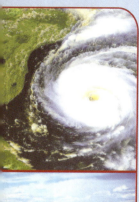

Energia: furacão aproximando-se da Flórida.

Energia: lago quente em Yellowstone e tigre faminto.

Energia — e o baile de aniversário de 50 anos do dr. Art

Embora a ciência possa medir a energia com muita precisão, na verdade ela encontra dificuldades para definir a palavra. Uma definição científica oficial estabelece que energia é a capacidade de movimentar matéria. Segundo essa definição, se você carrega três sacolas pesadas do mercado morro acima, você está movimentando matéria, e portanto usando energia. Entretanto, se uma pessoa cruel o obriga a permanecer imóvel durante uma hora, segurando as mesmas três sacolas pesadas, essa definição da ciência diz que você não está movimentando matéria, e portanto não está usando nenhum tipo de energia para segurar as sacolas.

Neste livro, não vamos aprender o significado científico de energia memorizando uma definição. Em vez disso, vamos estudar situações científicas diferentes que envolvem energia. É desse modo que aprendemos o significado de muitas palavras, especialmente daquelas com sentidos profundos, como energia ou amor.

Como você definiria amor? Qualquer definição deve incluir todas as diferentes formas de amor. Por exemplo, eu amo a minha família, mas sinto um tipo de amor diferente por minha esposa, por meu pai, por minha filha e por meu irmão. Eu também amo o pôr-do-sol, a canção *reggae* "Wake Up And Live", de Bob Marley, os amigos, escrever este livro, caminhar num bosque de sequóias, meu jaleco de trabalho, dinheiro, minha cama e o som do canto de pássaros. Todos esses diferentes exemplos ajudam a definir a palavra amor.

Do mesmo modo que amor, energia é uma palavra complicada e importante. Nos velhos tempos do século passado, os Beatles sabiam disso. Eles compuseram uma canção de *rock-and-roll* muito popular com o título "All You Need Is Energy".[4]

---
4. O nome dessa música é, na verdade, "All You Need Is Love".

Formas de Energia

O planeta Terra, diferentemente do planeta Enfadonho, tem matéria e também energia. Matéria é a substância constitutiva do nosso mundo. A energia faz a matéria se movimentar, eleva sua temperatura, liquefaz sólidos e faz líquidos ferver. A energia produz mudanças na matéria.

Esfregue as mãos por alguns segundos. Onde você conseguiu a energia para movimentar as mãos para cima e para baixo? Ela saiu da energia química armazenada no alimento. Você se lembra da fotossíntese que estudamos nos dois primeiros capítulos? Essa energia química do alimento teve origem na energia da luz do Sol. Para você poder esfregar as mãos, a energia da luz solar se transformou em energia química, que por sua vez se transformou em energia do movimento.

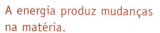

A energia produz mudanças na matéria.

Os cientistas precisaram de muito tempo para descobrir que a luz, o movimento, a eletricidade e o calor têm relação com a energia. Hoje dizemos que todos são formas de energia. Também dizemos que a energia passa rapidamente de uma forma para outra.

O que aconteceu quando você esfregou as mãos? Você sentiu a energia do movimento se transformando em energia calorífica. Esse fenômeno de movimento passando para calor desempenhou um papel importante para ajudar os cientistas a compreender a energia.

Para pesquisar as diferentes formas de energia, os cientistas mediram o volume de energia calorífica que obteriam de uma quantidade preestabelecida de energia do movimento. Benjamin Thompson, conhecido como conde Rumford, realizou um dos primeiros

Energia — e o baile de aniversário de 50 anos do dr. Art

experimentos. Nascido em Massachusetts em 1753, ele atuava como espião para o governo britânico durante a Guerra da Independência Americana. Descoberto, ele teve de abandonar a esposa e a filha pequena e fugir para a Europa para salvar a vida.

Durante sua permanência na Europa, ele continuou suas atividades de espionagem para diversos países, mas também fez ciência. Rumford inventou lareiras eficientes, o primeiro instrumento para medir a quantidade de luz e o coador moderno para café. Ele ajudou a criar um sistema de moradia e trabalho para pessoas pobres e também concebeu modos eficientes de organizar exércitos.

Durante suas atividades com exércitos, ele pesquisou o calor que se formava ao produzir um canhão perfurando um enorme cilindro de ferro. Conde Rumford montou um experimento em que um cavalo andando em círculo girava uma furadeira que perfurava o cilindro. O cilindro ficava totalmente imerso na água. O calor da fricção produzida pela furadeira elevava a temperatura da água. Segundo Rumford, o espanto foi geral quando esse processo produziu a ebulição de quinze litros de água sem a presença de fogo.

Canhão   Furadeira

59

Guia do dr. Art para a ciência

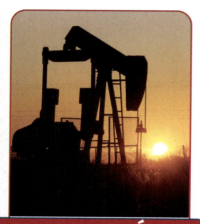

GRANDE IDÉIA

A quantidade de energia é sempre constante. Nada se cria, nada se perde.

Muitos experimentos como os de Rumford provaram que, quando a energia muda de forma, nada se perde nem se cria. Esse resultado ficou conhecido como a **Lei da Conservação de Energia**. Essa lei estabelece que a energia não é criada nem destruída. Sempre que alguma coisa acontece, a quantidade de energia é exatamente a mesma no começo e no fim.

À primeira vista, essa lei científica não corresponde à nossa experiência do mundo. Enchemos o tanque de gasolina na segunda-feira, rodamos 500 km durante a semana e novamente precisamos reabastecer no domingo. O fornecedor de energia local nos cobra o óleo ou o gás natural que usamos para aquecer a casa. Se nos recusamos a pagar a conta e escrevemos uma carta à empresa argumentando que uma lei científica atesta que não consumimos toda a energia, qual você acha que será a resposta?

A Lei da Conservação de Energia leva em consideração um aspecto bem mais amplo da energia do que nós. Quando aquecemos nossa casa, prestamos atenção apenas no combustível e no calor na casa. A Lei da Conservação de Energia segue o calor depois que ele deixa a casa, acompanha-o indo para a atmosfera, espalhando-se no espaço exterior e observa que o calor continua a existir para sempre — ele nunca é destruído. Além disso, a quantidade de energia calorífica é exatamente igual à quantidade de energia química liberada do combustível (como gás, óleo ou madeira). A empresa cobra de nós, mas não porque destruímos energia. Nós pagamos a conta da eletricidade e do gás porque usamos uma forma particularmente conveniente de energia armazenada e transformamos essa energia numa forma que é muito menos útil.

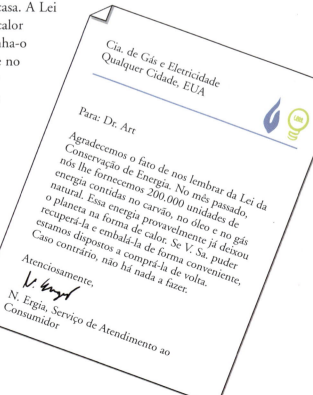

Cia. de Gás e Eletricidade
Qualquer Cidade, EUA

Para: Dr. Art

Agradecemos o fato de nos lembrar da Lei da Conservação de Energia. No mês passado, nós lhe fornecemos 200.000 unidades de energia contidas no carvão, no óleo e no gás natural. Essa energia provavelmente já deixou o planeta na forma de calor. Se V. Sa. puder recuperá-la e embalá-la de forma conveniente, estamos dispostos a comprá-la de volta. Caso contrário, não há nada a fazer.

Atenciosamente,

N. Ergia, Serviço de Atendimento ao Consumidor

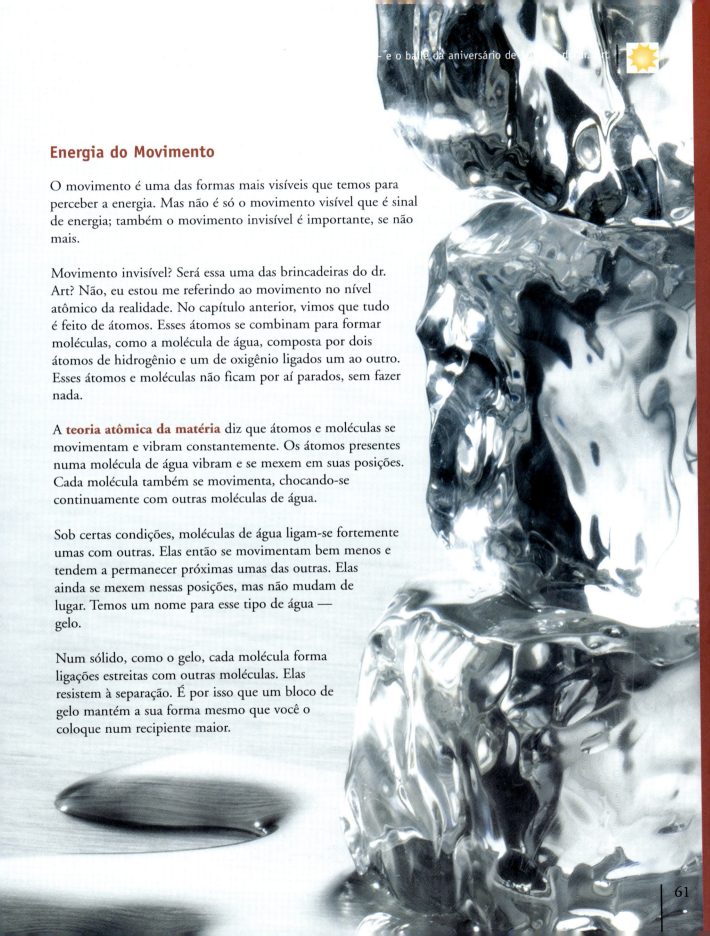

Energia do Movimento

O movimento é uma das formas mais visíveis que temos para perceber a energia. Mas não é só o movimento visível que é sinal de energia; também o movimento invisível é importante, se não mais.

Movimento invisível? Será essa uma das brincadeiras do dr. Art? Não, eu estou me referindo ao movimento no nível atômico da realidade. No capítulo anterior, vimos que tudo é feito de átomos. Esses átomos se combinam para formar moléculas, como a molécula de água, composta por dois átomos de hidrogênio e um de oxigênio ligados um ao outro. Esses átomos e moléculas não ficam por aí parados, sem fazer nada.

A **teoria atômica da matéria** diz que átomos e moléculas se movimentam e vibram constantemente. Os átomos presentes numa molécula de água vibram e se mexem em suas posições. Cada molécula também se movimenta, chocando-se continuamente com outras moléculas de água.

Sob certas condições, moléculas de água ligam-se fortemente umas com outras. Elas então se movimentam bem menos e tendem a permanecer próximas umas das outras. Elas ainda se mexem nessas posições, mas não mudam de lugar. Temos um nome para esse tipo de água — gelo.

Num sólido, como o gelo, cada molécula forma ligações estreitas com outras moléculas. Elas resistem à separação. É por isso que um bloco de gelo mantém a sua forma mesmo que você o coloque num recipiente maior.

Essa característica dos sólidos é o início da resposta à pergunta sobre a razão por que a matéria parece tão sólida embora os átomos sejam principalmente espaço vazio. Num sólido, as moléculas resistem à separação. Elas se agarram umas às outras. Os físicos (cientistas que se especializam na matéria, na energia e nas forças) diriam que as moléculas se agarram com tanta força umas às outras que chegam a nos repelir.

Veja a minha maneira preferida de descrever as diferenças entre sólidos, líquidos e gases. Imagine uma grande festa, o Baile de Aniversário de 50 Anos do dr. Art. Os convidados são todos casais que comemoram suas bodas de ouro.

Inicialmente, a DJ pede que todos os casais fiquem perto um do outro e dancem no espaço limitado de apenas um quarto do salão. Ela prende duas fitas nas costas de cada pessoa. Os casais se abraçam num estilo de dança formal, à moda antiga. Cada parceiro também segura firme duas fitas com os dentes, cada uma correspondendo às duas pessoas que formam um par contíguo. Assim, cada dançarino está estreitamente unido ao seu par e menos fortemente ligado a um casal próximo.

Energia — e o baile de aniversário de 50 anos do dr. Art

A primeira música é bem lenta. Os casais se movimentam, mas as fitas os obrigam a se manter mais ou menos na mesma posição, perto das mesmas pessoas. Apesar de todos se movimentarem, o conjunto do grupo mantém a mesma configuração.

Terminada a música, a DJ informa que todos acabaram de executar a Dança Sólida do Dr. Art. Cada pessoa representa um átomo. Abraçando-se na posição de dança, os casais mostraram como dois átomos se ligam de maneira compacta para formar uma molécula. Assim, cada casal representa uma molécula composta de dois átomos. As fitas simbolizam o modo como cada molécula se une à molécula vizinha num sólido.

Os presentes reclamam com a DJ dizendo que não vieram ao baile para ficar dançando num espaço restrito do salão. Ela não entende o que eles dizem porque todos estão com as fitas na boca, e por isso pede que tirem as fitas da boca. Ela diz também que agora todos podem se movimentar por onde quiserem e ter outras pessoas por perto, mas os casais ainda não podem trocar de par e precisam permanecer na pista de dança.

Ela põe a tocar a cantiga "Old Man River". Como antes, os pares se mantêm unidos, mas agora se deslocam pela pista de dança e mudam de vizinhança. Quando esbarram em outro casal, eles pegam uma fita, seguram-na e em seguida a soltam. Assim, eles continuam mudando de vizinhos, mas permanecem mais ou menos como um grupo. A DJ acrescenta uma nova seção à pista de dança e os casais imediatamente preenchem também esse espaço.

Quando a música termina, a DJ informa que eles acabaram de realizar a Dança Líquida do Dr. Art. Como um líquido, o grupo todo muda facilmente de forma. Diferentemente de um sólido, o grupo de moléculas pode fluir e se ajustar à forma do recipiente. Comparadas com um sólido, as moléculas individuais num líquido estão menos ligadas umas às outras e menos presas ao lugar.

> Num sólido, as moléculas resistem à separação. Elas se agarram umas às outras.

63

Em seguida, a DJ corta as fitas e as põe de lado. Ela diz aos casais que eles devem se movimentar o mais rapidamente possível por todo o salão. Mas os casais ainda precisam continuar firmemente unidos. As mesas e as cadeiras foram retiradas. A música que agita agora é dos Rolling Stones, "Jumping Jack Flash. It's a Gas! Gas! Gas!" Quando os casais se tocam uns nos outros, eles simplesmente se afastam e continuam se movimentando. Você sabe que dança do dr. Art eles estão executando. Como um gás, eles preenchem todo o espaço do recipiente e, como grupo, assumem a forma que o recipiente tiver.

Os casais mais idosos pedem para descansar, por isso temos um pequeno intervalo no Baile de Aniversário de 50 Anos do Dr. Art. Enquanto todos tomam fôlego, eu quero ter certeza de que você compreende que ao modificar as danças a DJ produziu uma mudança de um sólido para um líquido e de um líquido para um gás. No Baile, a mudança se processou porque a DJ deu instruções. No mundo real, essas mudanças ocorrem porque há um acréscimo de energia, o que torna as moléculas mais ativas e menos ligadas umas às outras. No nosso nível de realidade, usamos as palavras liquefazer e evaporar para descrever o resultado dessas alterações no nível molecular.

Energia — e o baile de aniversário de 50 anos do dr. Art

Nas aulas de ciências, usamos a expressão "mudanças físicas" para caracterizar a liquefação, a solidificação, a evaporação e a condensação. Essas mudanças acontecem quando acrescentamos energia a um sistema e ele fica mais quente (liquefação, evaporação) ou quando retiramos energia de um sistema e ele se torna mais frio (condensação, solidificação).

Uma mensagem importante é que:

CALOR = Energia do Movimento de Moléculas e Átomos

Quando acrescentamos energia a um material, suas moléculas se movimentam e agitam mais rapidamente. Se retiramos energia de um material, suas moléculas se movimentam e agitam mais lentamente. Se vemos moléculas reduzindo seu movimento, sabemos que elas estão recebendo menos energia calorífica. Se observamos moléculas começando a se movimentar mais rapidamente, sabemos que elas estão recebendo mais energia calorífica.

Pare tudo! Uma notícia extraordinária acaba de chegar do Baile!

Energia Química

Um tumulto tomou conta da pista de dança. A DJ anunciou que os casais devem mudar de parceiros. Eles protestam, "Viemos aqui para celebrar o nosso casamento como casais. Estamos intimamente ligados um ao outro. Se rompermos esses laços e nos unirmos a outras pessoas, seremos totalmente diferentes!"

A DJ se mantém irredutível. Lutadores profissionais separam maridos e esposas e os ligam a pessoas estranhas, obrigando-os a se manter unidos em grupos de diferentes tamanhos, não apenas aos pares. Formam-se grupos com três, oito e até 27 membros. A DJ comunica que eles estão agora executando a Dança das Mudanças Químicas do Dr. Art e põe a tocar a canção dos anos dourados da década de 1950, "Breaking Up Is Hard To Do".

Embora essa seja uma história muito triste, eu tive de contá-la porque ela mostra as diferenças entre mudanças físicas e mudanças químicas. Numa **mudança física**, como na liquefação ou na evaporação, as moléculas continuam as mesmas. A água continua sendo H_2O nos estados sólido, líquido e gasoso. Numa **mudança química**, os átomos se ligam a átomos diferentes. As próprias moléculas mudam.

A fotossíntese oferece um exemplo de mudança química. Quando a água se combina com o dióxido de carbono para produzir açúcar, as moléculas de água se decompõem. Os átomos de hidrogênio que estavam ligados ao átomo de oxigênio na água rompem essa ligação e se unem aos átomos de oxigênio no dióxido de carbono. As moléculas de água e as moléculas do dióxido de carbono desaparecem.

> Numa mudança química, os átomos se ligam a átomos diferentes. As próprias moléculas mudam.

Energia — e o baile de aniversário de 50 anos do dr. Art

Em geral, átomos dentro de moléculas se ligam uns aos outros muito mais fortemente do que moléculas se ligam entre si. No Baile, a DJ poderia facilmente fazer com que os casais mudassem o modo de interação com outros casais. Em vez disso, ela precisou de lutadores profissionais para separar os casais.

O Baile também mostra que mudanças físicas não alteram a identidade das moléculas. Os casais continuam os mesmos. Com mudanças químicas, os átomos se ligam a diferentes átomos e se tornam sistemas totalmente novos (novas moléculas) com propriedades qualitativamente diferentes.

Mudanças químicas processam-se dentro de nós e ao nosso redor. Observe os exemplos a seguir:

Exemplos de Mudanças Químicas Comuns

- *Qualquer fogo que você vê (fogão a gás, lareira)*
- *Transformação (digestão) do alimento ingerido em moléculas pequenas o suficiente para uso do seu corpo*
- *Qualquer veículo que usa combustíveis fósseis (carro, ônibus, avião)*
- *Sempre que você movimenta um músculo do corpo (por exemplo, para respirar, caminhar, falar) ou entra em contato com o meio ambiente (vê, cheira, saboreia, ouve, toca).*

Guia do dr. Art para a ciência

As mudanças químicas geralmente envolvem mudanças de energia. Nós tendemos a aproveitar as mudanças químicas que emitem energia. Por exemplo, quando queimamos um pedaço de madeira ou um litro de gasolina, as moléculas da madeira ou da gasolina se combinam com o oxigênio para formar dióxido de carbono. Essas mudanças químicas liberam energia que sentimos como calor e luz. Nossos carros convertem essa energia liberada em energia de movimento para nos transportar de um lugar a outro.

As mudanças químicas não criam energia. Se fizessem isso, elas violariam a Lei da Conservação de Energia e seriam postas na prisão. Assim, como obter energia da queima de alguma coisa, como de um pedaço de madeira, por exemplo?
Para responder é preciso saber que toda molécula tem energia química. Algumas moléculas têm mais energia química do que outras. Se acrescentamos energia química às moléculas, descobrimos como podemos obter energia de combustíveis sem sermos postos na cadeia por desrespeitar a Lei.

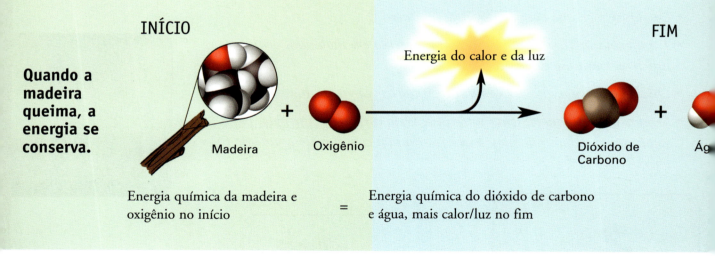

A ilustração mostra como o processo de queima de um pedaço de madeira obedece à Lei da Conservação. Quando a madeira queima, as moléculas da madeira se combinam com moléculas de oxigênio para formar moléculas de dióxido de carbono e moléculas de água. A energia química das moléculas no início (madeira e oxigênio) é maior do que a energia química das moléculas no fim (dióxido de carbono e água). Essa energia química extra é liberada como energia calorífica e luminosa.

68

Energia — e o baile de aniversário de 50 anos do dr. Art

A energia conserva-se. A quantidade total de energia no fim (energia química do dióxido de carbono e água *mais energia calorífica e luminosa*) é a mesma que a energia total no início (energia química da madeira e do oxigênio).

Por que a Matéria é Dura

A DJ anuncia que chegou o momento de executar a Dança das Mudanças Nucleares do Dr. Art. Todos os presentes, inclusive os lutadores, fogem do recinto o mais rápido possível. É uma vergonha. Eu havia planejado usar essa dança para explicar a energia nuclear. Agora teremos de esperar até o Capítulo 6 para estudar essa energia.

Como aspecto positivo, podemos aproveitar a oportunidade para responder à pergunta que levantamos no último capítulo. Por que sentimos a matéria (inclusive nós mesmos!) como sólida quando os átomos são tão vazios? Somos de fato tão cheios de buracos assim?

Uma parte fundamental da resposta é que as moléculas se ligam umas às outras. Num sólido, as moléculas se ligam tão firmemente que resistem à separação. Nós sentimos toda essa resistência e dizemos que a substância é "sólida". Em alguns sólidos, como a manteiga, as moléculas não se ligam com tanta força. Sentimos esse tipo de material como sólido mole, pastoso.

Molécula de água

Molécula de pedra

Uma dessas moléculas é mais molhada ou mais dura do que a outra?

PARE & PENSE

Num líquido, as moléculas se unem ainda menos firmemente. Podemos mergulhar um dedo num líquido. As moléculas de água se distanciam e se reúnem ao redor do dedo. Mas elas ainda permanecem juntas para fluir como um todo. Sentimos esse tipo de resistência mais fraca e dizemos que a substância é um "líquido".

Vamos **PARAR E PENSAR** para ver se compreendemos realmente os líquidos. Reflita sobre a seguinte pergunta: Uma molécula de água é mais molhada do que uma molécula de pedra? Essa não é uma pergunta capciosa. Ela tem uma resposta científica objetiva. Melhor do que "pare e pense", quem sabe **PARE E ESCREVA**?

69

Guia do dr. Art para a ciência

Pegue rapidamente uma folha de papel e escreva pelo menos duas frases dizendo se você acha que uma molécula de água é mais molhada do que uma molécula de pedra ou não, e mencione pelo menos um motivo por que você deu essa resposta.

✎ *TEMPO PARA PARAR & ESCREVER AGORA* ✎

O prezado leitor provavelmente se sente frustrado porque quase não usamos a nossa palavra científica preferida neste capítulo. Não tenha medo. Os sistemas estão aqui. Veja uma pista para responder à pergunta: considere um líquido como um sistema. Talvez você queira mudar ou acrescentar alguma coisa ao que já escreveu.

Minha resposta científica é que uma molécula de água não é mais molhada do que uma molécula de pedra. Do mesmo modo, uma molécula de pedra não é mais dura do que uma molécula de água. Uma molécula individual não é dura, nem molhada, nem seca, nem mole. É preciso haver muitas moléculas interagindo umas com as outras para que essas propriedades passem a existir. Umidade ou dureza são propriedades de sistemas de moléculas, não de moléculas individuais.

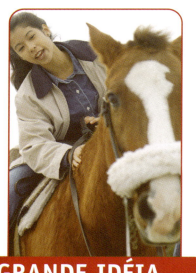

GRANDE IDÉIA

Nós somos sistemas de moléculas que sentem outros sistemas de moléculas.

Uma molécula de água não é molhada. Três moléculas de água não são molhadas. Eu não sei qual é o número mínimo de moléculas de água necessário para criar o que chamamos de "molhado". Eu sei que são necessários zilhões de moléculas antes de podermos sentir alguma coisa como molhada ou dura em nosso nível de realidade. A menor gota de água que podemos ver consiste em mais de 10.000.000.000.000.000.000.000 (dez sextilhões) de moléculas de água.

Conhecemos sistemas constituídos de números enormes de moléculas com propriedades (como molhado ou duro) que as moléculas individuais não têm. Como a Extraordinária Idéia dos Sistemas nos diz, um sistema tem propriedades que são qualitativamente diferentes das propriedades de suas partes.

Nós somos sistemas de moléculas que sentem outros sistemas de moléculas. A matéria se nos apresenta dura porque o sistema que sente (nós) e o objeto que sentimos são ambos feitos de zilhões de moléculas interligadas. A sensação de molhado ou duro é uma experiência dos sistemas.

PARE & PENSE

Quando você lê alguma coisa que oferece muita informação, é proveitoso adotar algumas estratégias de leitura para realmente compreender as informações mais importantes. Uma dessas estratégias consiste em rever o capítulo e resumir as idéias principais com suas próprias palavras.

Faça isso. Reveja o Capítulo 4. Extraia as idéias que você considera as mais importantes. Escreva essas idéias com suas próprias palavras. Faça um resumo breve e simples, em menos de uma página.

Depois disso, compare o que você escreveu com o resumo apresentado em vermelho na página seguinte. Eu contratei uma especialista em resumos, e foi isso que ela escreveu. Veja o que vocês dois incluíram. Compare as idéias que você registrou com as que ela deixou de incluir, e vice-versa.

www.guidetosciente.net

PARE & PENSE
CONTINUAÇÃO

Resumo do Capítulo 4 Feito por uma Profissional

A energia produz mudanças na matéria. Ela faz a matéria movimentar-se, aumenta sua temperatura, derrete-a e pode inclusive fazê-la ferver. Ela se manifesta em diferentes formas, como energia do movimento, energia química, energia elétrica e energia luminosa.

Os átomos e as moléculas vibram e se agitam constantemente. O que sentimos como calor é a energia do movimento de moléculas e átomos. Quanto mais quente uma coisa é, mais suas moléculas e átomos se movimentam e vibram.

A energia passa facilmente de uma forma para outra. Sempre que alguma coisa acontece, a quantidade total de energia permanece a mesma. A energia não se cria nem se perde. Essa constatação recebe o nome de Lei da Conservação da Energia.

Sólidos, líquidos e gases são diferentes porque as moléculas nessas substâncias se movimentam de modo diferente. As moléculas nos sólidos estão como que fixas no lugar e mantêm os mesmos vizinhos. Nos líquidos, as moléculas se ligam com seus vizinhos, mas não tão firmemente como nos sólidos. É por isso que os líquidos podem fluir e mudar de forma. Nos gases, as moléculas se movimentam muito mais rapidamente e não se ligam com seus vizinhos.

As ligações entre os átomos dentro de uma molécula são muito mais fortes do que as ligações entre uma molécula e outra. É muito mais difícil separar esses átomos um do outro do que separar uma molécula de outra.

Reações químicas, como o processo de queima, por exemplo, em geral emitem energia. Isso acontece quando os produtos têm menos energia química do que os materiais de origem.

Sentimos a matéria sólida porque sentimos as ligações entre as moléculas. Também a sensação de solidez ou de umidade é uma propriedade dos sistemas. As moléculas individuais não são úmidas nem secas, nem sólidas, nem moles. Nós somos sistemas de moléculas que sentem outros sistemas de moléculas.

www.guidetoscience.net

Capítulo 5

QUE AS FORÇAS ESTEJAM CONOSCO

A Gravidade é Universal

Mais Forte que a Gravidade

Eletricidade mais Magnetismo é Igual a?

O Eletromagnetismo é a Cola da Matéria

Forças Dentro do Átomo

Matéria, Energia, Forças

Campos de Força

Pare & Pense

Capítulo 5 –
Que as Forças Estejam Conosco

A Gravidade é Universal

Como você pode deduzir pelo título, este capítulo trata das forças. Os heróis do filme *Guerra nas Estrelas* treinavam durante toda a vida para que "A Força" estivesse com eles. Poucas pessoas sabem que Ioda, o velho mestre *jedi*, visitou a Inglaterra em 1687 para aprender a ciência das forças com Isaac Newton.

Como os termos "energia" e "teoria", força é outra palavra que as pessoas usam no dia-a-dia e que os cientistas empregam com significados diferentes dos da linguagem comum. Em ciências, "força" não tem o sentido sobrenatural do guerreiro *jedi*, mas você verá que os guerreiros da ciência que exploram as forças também estudam níveis de realidade misteriosos.

Para compreender as forças, é útil conhecer a matéria e a energia. Felizmente, você memorizou os Capítulos 3 e 4, de modo que sabe muita coisa sobre esses dois assuntos.

Um dos modos como os cientistas pesquisam as forças é observando a matéria e como ela se movimenta no mundo. Sempre que alguma coisa (matéria) altera seu movimento (energia), sabemos que ela sofreu a ação de uma força. A alteração no movimento pode apresentar variações: o objeto pára de se movimentar, começa a se movimentar, muda de direção, acelera, ou desacelera.

Quando uma maçã cai de uma árvore, sabemos que uma força atuou sobre ela. Uma pessoa que apara a maçã que cai sente a força dessa queda. Ao apará-la, a pessoa também exerce uma força sobre a maçã para deter seu movimento descendente.

Que as forças estejam conosco

Desde que vive neste planeta, o homem vê objetos, como frutas e folhas, cair no chão. Galileu, o primeiro a observar as luas de Júpiter, foi também o primeiro a medir cientificamente a força que atrai os objetos para baixo. Ele mediu a velocidade com que as coisas se movimentam quando rolou bolas em rampas ou quando soltou penas e outros objetos do alto de torres.

Ao mesmo tempo, Galileu e outros cientistas também pesquisaram como os planetas e as luas se deslocam no sistema solar. Eles inclusive tinham equações matemáticas complicadas que previam onde um planeta estaria numa determinada data e a trajetória exata que ele continuaria seguindo.

Newton foi um gênio. Onde todos só viam coisas caindo no chão, ele intuiu uma das formas mais importantes de como a matéria interage no universo. Newton descobriu a **gravidade**. Ele percebeu que um objeto atrai outros objetos por meio da gravidade. Hoje você emprega ou ouve a palavra gravidade porque Isaac Newton a compreendeu primeiro e lhe atribuiu o significado científico moderno.

Newton e Ioda estavam sentados debaixo de uma macieira e conversavam sobre gravidade. Segundo os boatos, Newton viu uma maçã cair de uma árvore numa noite de lua cheia e compreendeu que a mesma força faz com que maçãs caiam de árvores e a Lua gire em torno da Terra. A Terra e uma maçã se atraem mutuamente porque ambas têm massa. (Por enquanto, entenda massa simplesmente como quantidade de matéria.) Como a Terra tem muito mais massa do que a maçã, a fruta cai no chão.

A mesma força faz com que maçãs caiam de árvores e a Lua gire em torno da Terra.

75

Guia do dr. Art para a ciência

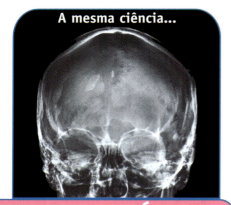

A mesma ciência...

GRANDE IDÉIA

... se aplica em todo o universo.

Newton compreendeu que a Lua e a Terra também se atraem uma à outra. A Lua continua girando em torno da Terra porque a massa do nosso planeta a atrai permanentemente. A mesma coisa acontece quando você faz girar uma bola presa a uma corda. A bola se movimenta em círculo porque a corda a puxa continuamente na direção da sua mão. No caso de luas e planetas que percorrem suas órbitas, a gravidade é a força que os atrai para dentro.

Para provar que a gravidade que atua na Terra e no espaço é a mesma, Newton precisou inventar um novo campo da matemática para poder calcular exatamente a força de atração entre os objetos[5] e como essa atração causa os movimentos que vemos. Esse novo campo descrevia exatamente os movimentos de luas, planetas e objetos, como maçãs e bolas, caindo no chão.

As pesquisas de Newton resultaram em equações que ficaram conhecidas como Lei da Atração Gravitacional de Newton e Leis do Movimento de Newton. A matemática de Newton ensina que a força da gravidade entre dois objetos depende da massa desses objetos e da distância que os separa. Quanto mais massa eles têm, maior é a força de gravidade que os atrai um para o outro. Quanto mais distantes eles estão, mais fraca é a força de gravidade que os atrai um para o outro.

Newton ensinou que a mesma ciência explica como as coisas funcionam em nosso planeta e no espaço. Até então, as pessoas pensavam que os corpos celestes não obedeciam às mesmas leis físicas que vigoram na Terra. Hoje sabemos que a mesma ciência se aplica do mesmo modo em todo o universo.

Se aprendemos alguma coisa sobre a produção dos raios X observando-os chegar aqui desde os confins do espaço, essas descobertas se aplicam ao raio X na Terra. Se descobrimos que o hidrogênio se comporta de um certo modo no planeta Terra, podemos esperar que, sob as mesmas condições, ele terá as mesmas propriedades no Sol e em outros astros, por mais distantes que eles estejam de nós.

---

5. Esse novo campo da matemática se chama *cálculo*. Mais de 300 anos depois de Newton, muitos engenheiros e cientistas ainda usam o cálculo em seu trabalho.

Que as forças estejam conosco

Newton ficou muito famoso por sua ciência, que nos ensina a respeito da gravidade e das regras que regem o movimento dos corpos. Entretanto, ele continuou sem entender o modo como essas forças operam. Se dois objetos estão distantes um do outro, eles não se tocam fisicamente. Se eu jogo uma maçã, compreendo que a minha ação física põe a maçã em movimento. Mas como a Terra afeta o movimento de uma maçã, ou da Lua, quando ela não toca fisicamente esses objetos?

Newton disse a Ioda que essa "ação a distância" fazia a gravidade parecer tão misteriosa quanto a "Força" de Ioda. Na próxima seção, estudaremos outra força que tem a mesma capacidade assombrosa de se deslocar invisivelmente pelo espaço e afetar o modo como as coisas se movimentam.

Mais Forte que a Gravidade

O título desta seção é "Mais Forte que a Gravidade". A força de gravidade do Sol mantém todos os planetas do sistema solar em suas órbitas. A força de gravidade da Terra atua sobre a Lua e a impede de se projetar na direção do Sol. O que poderia ser mais forte do que uma força que mantém planetas e luas em suas posições?

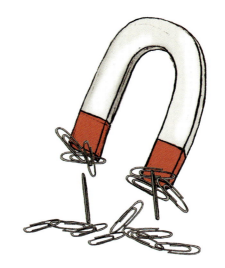

Você pode experimentar diretamente essa força "mais forte que a gravidade". Simplesmente corte uma folha de papel em pedaços com aproximadamente 1cm^2 e espalhe esses pedaços sobre uma mesa. Pegue um balão e encha-o de ar. Esfregue o balão várias vezes, vigorosamente, numa peça de pele, lã ou algodão. Em seguida, aproxime o balão dos pedaços de papel. Você verá alguns pedacinhos saltar e grudar-se no balão. (É melhor fazer esse experimento em dias secos. Com tempo úmido, experimentos com eletricidade estática podem não funcionar.)

Você também pode espalhar alguns clipes de papel metálicos, desencapados, sobre a mesa. Aproxime um ímã. Mesmo um ímã pequeno pode atrair uns dez clipes de papel.

77

Em ambos os casos, toda a gravidade do planeta Terra estava atraindo os objetos para mantê-los sobre a mesa. A **força elétrica estática** exercida pelo balão foi mais forte do que toda a gravidade da Terra para apanhar o papel. A **força magnética** exercida pelo pequeno ímã também superou a força de atração gravitacional de toda a matéria da Terra.

Tanto a eletricidade quanto o magnetismo são muito mais fortes do que a gravidade. Eles também produzem a mesma "ação a distância" que a gravidade. A gravidade apenas atrai, ao passo que o magnetismo e a eletricidade podem causar repulsão (afastamento) e também atração. Dependendo de como dispomos dois ímãs, eles se atrairão ou repelirão. Chamamos um lado ou extremidade do ímã de pólo norte e o outro de pólo sul. Pólos opostos se atraem e pólos iguais se repelem.

A eletricidade revela uma propriedade semelhante. Uma coisa pode ser carregada positivamente (por exemplo, o próton) ou negativamente (por exemplo, o elétron). As coisas que têm carga elétrica contrária se atraem e as coisas com a mesma carga elétrica se repelem. Você pode sentir a repulsão elétrica friccionando dois balões cheios de gás com o mesmo material (lã ou pele produzem resultados melhores). Se você suspender os balões por um barbante e, segurando apenas o barbante, os aproximar um do outro cuidadosamente, você verá que eles se repelem.

Por que os dois balões friccionados se repelem? Quando friccionamos um balão com um material como lã ou pele, transferimos alguns elétrons do material para a superfície do balão. A conseqüência disso é que os elétrons extras na superfície carregam o balão negativamente. Como friccionamos os dois balões com o mesmo material, ambos ficam carregados negativamente e então, quando os aproximamos, eles se repelem.

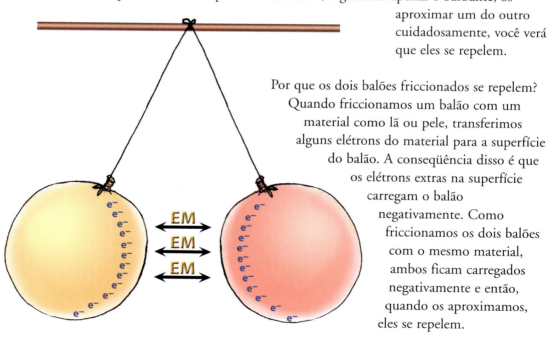

Que as forças estejam conosco

A explicação do motivo por que o balão friccionado apanha pedaços de papel é um pouco mais complicada. Como a maioria da matéria, os pedaços de papel são eletricamente neutros. Em todos os pontos do papel, o número de prótons (carga positiva) é igual ao número de elétrons (carga negativa), de modo que a carga total é zero. Quando aproximamos do papel um balão com carga negativa, sua carga negativa extra faz com que os elétrons na superfície do papel se afastem. Isso faz com que a parte rente ao papel fique carregada positivamente, pois os elétrons negativos deixaram a área. Essa superfície do papel com carga positiva é então atraída pelo balão que tem carga negativa, e o papel salta da mesa devido à atração entre cargas elétricas contrárias.

Na próxima seção, faremos alguns experimentos que mostram que eletricidade e magnetismo de fato fazem parte da mesma força. Os cientistas dão a essa força o nome de **eletromagnetismo**. Como vimos com os balões e os ímãs, o eletromagnetismo é muito mais forte do que a gravidade. Os físicos geralmente dizem que o eletromagnetismo é milhões de vezes mais forte que a gravidade.

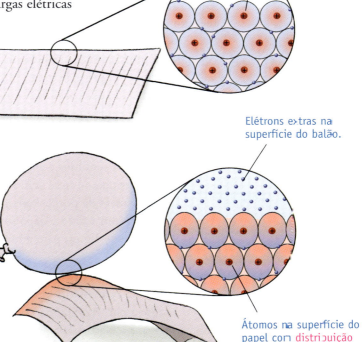

Átomos na superfície do papel com distribuição uniforme de elétrons.

Elétrons extras na superfície do balão.

Átomos na superfície do papel com distribuição irregular de elétrons.

79

Guia do dr. Art para a ciência

Eletricidade mais Magnetismo é Igual a?

Temos contato com a eletricidade por meio dos fios em nossa casa, que acendem nossas lâmpadas e ligam refrigeradores, televisores, liquidificadores, secadores de cabelo, aquecedores e computadores. Nessa instalação elétrica, nós tiramos proveito do fato de que os elétrons presentes nos metais se movimentam com muita facilidade. Como os metais são bons condutores de eletricidade, os fios elétricos são feitos de cobre e alumínio. Esses fios metálicos dão condições aos elétrons de viajar das usinas de força para a nossa casa e de passar por toda ela. Esse fluxo dirigido de elétrons aciona os nossos aparelhos elétricos.

Também temos a experiência da eletricidade nas pilhas. A pilha armazena carga elétrica, e assim pode fornecer energia para uma grande variedade de aparelhos. A pilha funciona deslocando elétrons de um pólo da pilha para nossos aparelhos e brinquedos (como um telefone celular) e daí para o outro pólo da pilha.

Também sentimos a eletricidade estática quando felpas se prendem à nossa roupa ou uma centelha nos assusta faiscando entre a nossa mão e a maçaneta da porta. Podemos ainda movimentar elétrons friccionando balões com tecido e depois usar esses balões em experimentos científicos para repeli-los ou para atrair pedaços de papel.

GRANDE IDÉIA

A eletricidade faz parte da matéria.

Instalações elétricas domésticas, pilhas e eletricidade estática revelam todas algo muito profundo sobre a natureza da matéria. Elas nos ajudam a compreender que a eletricidade faz parte da matéria. Elétrons não são apenas uma palavra que lemos em livros de ciências. Tudo é feito de átomos, e esses átomos consistem em componentes carregados eletricamente, os elétrons com carga negativa e os prótons com carga positiva. A matéria tem uma base elétrica. Pilhas e instalações elétricas domésticas são apenas algumas formas muito

80

Que as forças estejam conosco

especializadas de eletricidade pelas quais aprendemos a usufruir a eletricidade que está presente em toda matéria.

A mesma lição se aplica ao magnetismo. Constatamos a presença do magnetismo principalmente nos brinquedos e aparelhos que temos em casa. Na verdade, o magnetismo está muito ligado à eletricidade. O magnetismo é muito mais importante do que objetos engraçadinhos grudados na porta do refrigerador.

As pessoas geralmente descobrem que a eletricidade e o magnetismo se relacionam quando estudam as propriedades dos eletroímãs. Nesta seção, vou descrever alguns experimentos que você pode realizar. Os materiais necessários para os próximos dois experimentos são os seguintes:

- 4 metros de fio de cobre 20, encapado
- um prego de ferro com pelo menos 15 cm de comprimento
- uma pilha de 1,5 V, tamanho grande
- cinco ímãs de cerâmica redondos (2,7 cm de diâmetro é um bom tamanho)

INSTRUÇÕES: Corte 30 cm do fio e reserve. Do pedaço longo, desencape as pontas, em torno de 2 cm. Deixe uns 30 cm de uma das pontas solta e enrole o fio ao redor do prego. Comece no lado da cabeça e siga firmemente na direção da ponta. Não sobreponha o fio. Ao chegar à outra ponta, deixe em torno de 1,5 cm do prego descoberto. Então prepare-se para ligar as pontas desencapadas do fio à pilha de 1,5 V, como mostra a ilustração.

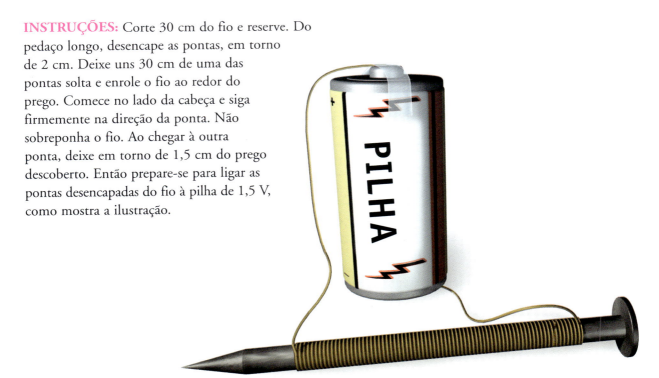

81

Antes de conectar o fio à pilha, verifique se o prego recoberto com o fio atrai clipes de papel metálicos desencapados. Verifique as duas extremidades. Pegue um ímã de cerâmica redondo e marque um lado como Lado A e o outro como Lado B. Em seguida, verifique se as duas extremidades do prego se comportam do mesmo modo ou não com os dois pólos (lados) do ímã de cerâmica. Registre os resultados numa Tabela como a mostrada abaixo.

Agora conecte uma extremidade do fio ao lado positivo da pilha de 1,5 V e a outra ao pólo negativo. Faça isso com uma fita adesiva ou com um prendedor de pilha. Verifique as duas extremidades do prego para ver se elas atraem clipes de papel. Além disso, teste as duas extremidades do prego com os dois lados do ímã redondo. Desconecte os fios da pilha (para que sua carga não se esgote rapidamente). Depois de um minuto, verifique novamente como o fio interage com os clipes de papel e com o ímã circular. Registre os resultados e compare com a pilha e sem a pilha. Você verá que, sem a pilha, o prego não atrai os clipes de papel. Ele não é um ímã.

EXPERIMENTO COM ELETROÍMÃ			
CONDIÇÃO	AÇÃO	CABEÇA DO PREGO	PONTA DO PREGO
DESCONECTADO	Atrai clipe		
	Interação com Lado A		
	Interação com Lado B		
CONECTADO À PILHA	Atrai clipe		
	Interação com Lado A		
	Interação com Lado B		

No entanto, ele sente a força magnética. As duas extremidades do prego são igualmente atraídas para um ou outro pólo do ímã redondo. Você pode testar com dois ímãs redondos para confirmar que um ímã tem pólos que se comportam de modo diferente. Dependendo dos lados que se confrontam, você observará atração ou repulsão.

O Quadro a seguir destaca as diferenças importantes entre materiais não-magnéticos, magnéticos e ímãs:

TIPO DE MATERIAL	SENTE ≈ FORÇA MAGNÉTICA	EXERCE FORÇA MAGNÉTICA	TEM DOIS PÓLOS DIFERENTES	ATRAI E REPELE
MATERIAL NÃO-MAGNÉTICO	X	X	X	X
MATERIAL MAGNÉTICO	✓	X	X	X
ÍMÃ	✓	✓	✓	✓

Sou um Ímã... ou Apenas Material Magnético... ou Material Não-Magnético?

Você deve ter observado que, quando o prego com o fio é conectado à pilha, ele atrai clipes de papel. Além disso, as duas extremidades do prego se comportam de modo diferente quando são testadas com o ímã redondo. Quando a eletricidade não passa pelo fio, as duas extremidades são iguais. Quando a pilha é conectada, as duas extremidades se comportam de modo diferente. A eletricidade que passa transforma o prego com o fio de material magnético em ímã. Se você for paciente e observador, poderá ainda observar alguma repulsão entre uma extremidade do prego e um lado do ímã redondo.

Veja outro experimento que você pode realizar para estudar a eletricidade e o magnetismo. Retire com cuidado todo o isolamento do pedaço de 30 cm do fio de 20. Separe um dos fios finos de cobre dos demais. Teste-o com um jogo de 5 ímãs redondos para ver se ele é não-magnético, magnético ou um ímã. Anote o resultado.

Guia do dr. Art para a ciência

Prenda uma extremidade do fio à base negativa da pilha e a outra ao pólo positivo. Agora a eletricidade passa pelo fio. Sinta como ele esquenta. Verifique com cuidado todo o fio com ambos os lados do jogo de ímãs. Você deve confirmar que o fio de cobre agora sente a força magnética, revelando tanto atração como repulsão. A corrente elétrica transformou o fio de cobre num ímã fraco. Não esqueça de desconectar o fio da pilha!

Pode-se produzir eletricidade simplesmente movimentando ímãs perto de fios.

Esses dois experimentos mostram que eletricidade e magnetismo estão relacionados. Normalmente, nunca entramos numa usina que gera corrente elétrica. Se visitássemos uma dessas usinas, não precisaríamos fazer experimentos para aprender que eletricidade e magnetismo têm uma relação muito estreita. Você saberia isso porque a visita dirigida enfatizaria que a usina gera eletricidade fazendo fios metálicos movimentar-se numa área envolvida por ímãs. Quando os fios se movimentam de modo correto na presença de ímãs, a eletricidade passa pelos fios. O fluxo de elétrons pode então ser dirigido por outros fios até chegar aos aparelhos que usamos.

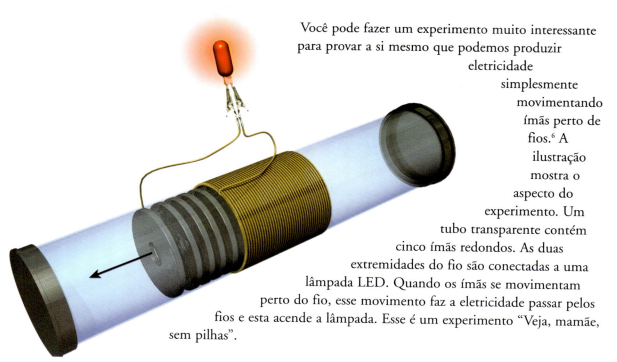

Você pode fazer um experimento muito interessante para provar a si mesmo que podemos produzir eletricidade simplesmente movimentando ímãs perto de fios.[6] A ilustração mostra o aspecto do experimento. Um tubo transparente contém cinco ímãs redondos. As duas extremidades do fio são conectadas a uma lâmpada LED. Quando os ímãs se movimentam perto do fio, esse movimento faz a eletricidade passar pelos fios e esta acende a lâmpada. Esse é um experimento "Veja, mamãe, sem pilhas".

---

6. Extraído de "Stripped Down Generator," adaptado com permissão do Exploratorium, do livro *Square Wheels and Other Easy-to-Build Hands-On Science Activities*. © 2002 Exploratorium, www.exploratorium.edu

Que as forças estejam conosco

Você pode fazer esse experimento de dois modos diferentes. O primeiro consiste em segurar este livro na sua frente e movimentá-lo bem rápido de um lado para outro, de modo que a ilustração se movimente pelos seus olhos. Diga para si mesmo, "Estou ficando com sono e vendo a lâmpada acendendo e apagando". Às vezes isso funciona, mas não é muito científico.

O modo mais científico consiste em realizar o experimento. As orientações estão na seção do Capítulo 5 do website guidetoscience.

O eletroímã, o fio do cabo de cobre conectado à pilha, a visita dirigida à usina e os ímãs em movimento no experimento do tubo, todos mostram que eletricidade e magnetismo estão estreitamente relacionados. A corrente elétrica pode transformar um prego ou um fino fio de cobre em ímãs. Podemos fazer a eletricidade fluir movimentando fios e ímãs perto uns dos outros. Todas essas situações revelam uma característica muito profunda da eletricidade e do magnetismo. Ambos fazem parte da mesma força, que os cientistas chamam de eletromagnetismo.

GRANDE IDÉIA

Eletricidade e magnetismo fazem parte da mesma força, que os cientistas chamam de eletromagnetismo.

O Eletromagnetismo é a Cola da Matéria

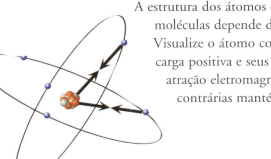

A estrutura dos átomos e das moléculas depende da força eletromagnética. Visualize o átomo com seu núcleo central com carga positiva e seus elétrons com carga negativa. A atração eletromagnética entre essas cargas contrárias mantém o átomo coeso.

85

Guia do dr. Art para a ciência

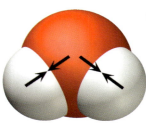

Quando átomos entram em combinação para formar moléculas, eles precisam se aproximar uns dos outros para interagir. É mais fácil representar essa interação como dois ou mais átomos de fato colidindo uns com outros. Como os átomos estão em movimento constante, essas colisões ocorrem com muita freqüência. Quando os átomos colidem, o choque se dá em suas camadas externas. Em outras palavras, as interações entre átomos acontecem no espaço onde se encontram os elétrons, bem longe do núcleo atômico com seus prótons e nêutrons. Afinal, o núcleo é um ponto minúsculo, situado nas profundezas do átomo, ocupando menos que 0,001% do seu volume.

A química é a ciência que estuda como os átomos se ligam para formar moléculas. Essas ligações implicam o envolvimento de elétrons. Os átomos se ligam uns aos outros para formar moléculas envolvendo elétrons. Em outras palavras, a força eletromagnética mantém os átomos coesos em moléculas.

No Baile de Aniversário de 50 Anos do Dr. Art, ilustramos como moléculas se conectam umas às outras em líquidos e sólidos. Essas conexões ocorrem porque partes positivas de uma molécula e partes negativas de uma molécula diferente se atraem umas às outras. Sólidos e líquidos existem devido ao eletromagnetismo, a cola da matéria.

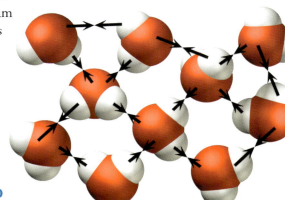

Forças Dentro do Átomo

Depois que Rutherford descobriu que partículas subatômicas com carga positiva rebatiam na lâmina de ouro e voltavam, os cientistas descobriram que os elétrons negativos localizam-se nas camadas externas do átomo e que os prótons positivos estão no núcleo do átomo. Eles também sabiam que a atração eletromagnética entre objetos com carga positiva e objetos com carga negativa é muito forte. Esses dois fatos indicavam que eles tinham um problema para realmente compreender a estrutura do átomo.

GRANDE IDÉIA

O eletromagnetismo é a cola da matéria.

86

Que as forças estejam conosco

PARE & PENSE: Por que os cientistas tinham um problema com a localização dos prótons e dos elétrons?

Como prótons e elétrons podem ficar separados? A força eletromagnética deveria atrair os elétrons para o núcleo. Por que eles permanecem na periferia do átomo?

Se eu fosse um cara legal, eu jamais lhe mencionaria um problema cuja resposta eu realmente não saberia explicar. Infelizmente, é isso que acabei de fazer.

Até aqui, falei sobre o espaço entre os prótons e os elétrons como espaço vazio. Se esse espaço estivesse efetivamente vazio, a atração eletromagnética faria exatamente o que esperamos — ela atrairia os elétrons para o núcleo.

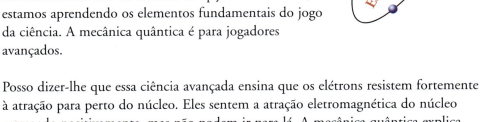

Acontece que o espaço no interior do átomo é muito estranho. De fato, o átomo é tão estranho que os cientistas, no início do século XX, tiveram de inventar todo um novo campo da ciência, chamado de mecânica quântica, para descrevê-lo. Não vou nem tentar explicar a mecânica quântica neste livro. Certa vez eu me compliquei ainda mais que de costume ao tentar superar os níveis avançados de um jogo de computador apesar de nem bem saber como me movimentar na tela ou escolher as opções. Neste livro, estamos aprendendo os elementos fundamentais do jogo da ciência. A mecânica quântica é para jogadores avançados.

Posso dizer-lhe que essa ciência avançada ensina que os elétrons resistem fortemente à atração para perto do núcleo. Eles sentem a atração eletromagnética do núcleo carregado positivamente, mas não podem ir para lá. A mecânica quântica explica por que os elétrons permanecem na periferia do átomo.

Ao tentar imaginar a estrutura do átomo, os cientistas depararam com outro enigma eletromagnético. Cargas positivas se repelem. O núcleo está cheio de prótons com carga positiva. Por exemplo, o núcleo de um átomo de ouro tem

87

Guia do dr. Art para a ciência

79 prótons apinhados em seu minúsculo núcleo. Essas cargas positivas estão bem próximas umas das outras, de modo que o eletromagnetismo que as repele deve ser muito forte. O que mantém o núcleo atômico coeso?

Existe outra força na natureza denominada **força nuclear forte**. Para dois prótons num núcleo atômico, essa força é em torno de 20 vezes mais intensa do que a força eletromagnética. É por isso que a força nuclear forte pode manter unidos os prótons carregados positivamente apesar de o eletromagnetismo tentar afastá-los. Como veremos no próximo capítulo, a força nuclear forte fornece energia para o Sol e para as estrelas. Ela é também a força que o homem usa em usinas nucleares e em bombas atômicas.

Matéria, Energia, Forças

Voltemos um pouco e vejamos até onde chegamos na compreensão do nosso mundo. Nós somos sistemas feitos de diferentes moléculas. Qualquer porção de matéria que observamos, por menor que seja, consiste em zilhões de moléculas. Nós não sentimos as propriedades de moléculas individuais. Sentimos as propriedades de sistemas de moléculas. Essas propriedades incluem dureza, cor, textura, temperatura, densidade e forma.

O Sol, usinas nucleares e bombas de hidrogênio demonstram o poder da força nuclear forte.

Que as forças estejam conosco

As moléculas estão em movimento e agitação constante. Conseqüentemente, elas tendem a se afastar umas das outras. A força eletromagnética mantém as moléculas unidas nos sólidos e nos líquidos.

Nos sólidos, as moléculas conectam-se de modo relativamente firme, de modo que o sólido como um todo mantém seu volume e sua forma. Num líquido, as conexões são mais fracas. O resultado é que um líquido pode alterar sua forma (fluxo), mas não seu volume. As moléculas não conseguem distanciar-se umas das outras, mesmo que haja mais espaço no recipiente. Nos gases, as moléculas praticamente não interagem umas com as outras. Um gás se adapta à forma do seu recipiente e preenche todo o volume que lhe está disponível.

Moléculas são feitas de átomos. Sempre que dois ou mais átomos se unem, eles formam uma molécula. A força eletromagnética mantém os átomos unidos em moléculas. Átomos se ligam para formar moléculas de modo muito mais forte do que moléculas se juntam nos sólidos e líquidos. No Baile de Aniversário de 50 Anos do Dr. Art, a DJ precisou de lutadores profissionais para separar maridos e esposas. Em contraste, os casais soltaram facilmente as fitas que os ligavam a outros casais.

Cubos de gelo mantêm sua forma. A água em estado líquido se adapta à forma do copo, e bolhas de gás evaporam para se incorporar ao ar externo.

Os átomos são compostos de partículas subatômicas com diferentes cargas elétricas (prótons com carga positiva, elétrons com carga negativa e nêutrons com carga nula). A força eletromagnética mantém os prótons e elétrons coesos dentro do átomo. Apesar de sua forte atração um pelo outro, eles permanecem separados, com os elétrons localizados na periferia do átomo. A mecânica quântica explica por que os elétrons permanecem fora do núcleo atômico.

Os prótons e nêutrons ocupam o núcleo do átomo. A força nuclear forte mantém os prótons coesos, apesar da força eletromagnética que os levaria a separar-se.

Três Forças

FORÇA	RESISTÊNCIA	PROPRIEDADES
GRAVIDADE	**Fraca.** Porém, muita massa no mesmo lugar equivale a uma força forte.	**Somente atrai.** Responsável pela estrutura do sistema solar, das galáxias e de luas em torno de planetas.
ELETROMAGNETISMO	Milhões de vezes mais forte que a gravidade.	**Atrai e repele.** Mantém átomos coesos, conecta átomos, conecta moléculas.
FORÇA NUCLEAR	20 ou mais vezes mais forte que o eletromagnetismo.	**Somente atrai.** Responsável pela estrutura do núcleo atômico.

Na nossa realidade quotidiana, sentimos mudanças na matéria devidas à energia. Observamos que a energia muda facilmente de forma. Formas de energia que sentimos abrangem calor, luz, movimento, corrente elétrica e energia química. A Lei da Conservação de Energia diz que sempre que alguma coisa acontece, a quantidade total de energia permanece constante.

Que as forças estejam conosco

Quando sentimos ou observamos forças, tanto a matéria como a energia estão envolvidas. Em nosso nível de realidade, temos experiência direta limitada da eletricidade e do magnetismo. Para nós, eles em geral parecem ser muito diferentes um do outro. No entanto, são efetivamente a mesma coisa — eletromagnetismo. As características da eletricidade e do magnetismo que observamos em nosso nível de realidade são a ponta do *iceberg* eletromagnético. A eletricidade e o magnetismo que sentimos fornecem pistas de que toda matéria tem propriedades elétricas e magnéticas. Até aqui, os seres humanos aprenderam a tirar proveito de apenas uma pequena proporção das propriedades eletromagnéticas da matéria.

As características da eletricidade e do magnetismo que observamos são a ponta do *iceberg* eletromagnético.

GRANDE IDÉIA

Campos de Força

Talvez você se lembre de que Newton não compreendia como a gravidade funcionava. Ele provou que ela existe e que funciona exatamente do mesmo modo em todo o sistema solar como funciona na Terra. Nós ainda usamos suas equações matemáticas da gravidade para direcionar os nossos foguetes quando os enviamos para outros planetas e luas. Newton conseguiu fazer tudo isso sem realmente compreender a "ação a distância", como um objeto pode influenciar outro sem realmente tocá-lo.

O eletromagnetismo possui a mesma propriedade enigmática. Uma das razões por que os ímãs nos fascinam é que sentimos a força de repulsão ou de atração no espaço vazio entre dois ímãs. A eletricidade estática também nos fascina porque podemos ver a folha de papel saltando da mesa ou a faísca pulando do nosso dedo para a maçaneta da porta. Assim como a gravidade, o eletromagnetismo faz com que objetos movimentem outros objetos sem realmente tocá-los.

Guia do dr. Art para a ciência

Hoje os cientistas empregam o termo "campo" para explicar essa ação a distância. Os ímãs proporcionam o modo mais fácil de ver um campo de força. Você pode comprar limalha de ferro, pedaços bem pequenos de ferro, e usá-la para visualizar campos magnéticos. A ilustração mostra como a limalha de ferro se dispõe quando é exposta à força de um ímã. Cada pequeno fragmento de ferro nos mostra a forma do campo eletromagnético em sua localização. No conjunto, eles nos ajudam a ver o que os cientistas chamam de campo eletromagnético do ímã.

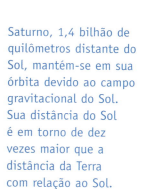

Com as limalhas de ferro podemos observar que o campo enfraquece à medida que a distância com relação ao objeto aumenta. Com aparelhos muito sensíveis, os cientistas conseguem medir campos gravitacionais e eletromagnéticos a milhares de quilômetros do objeto que é a fonte do campo. De fato, os campos nunca terminam. Eles apenas vão enfraquecendo até que nem mesmo os nossos aparelhos mais sensíveis conseguem medi-los.

Essa idéia de campos muda o modo como vemos o nosso mundo. Não existe isso de espaço vazio. Na Terra, o ar invisível é preenchido com moléculas, campos gravitacionais e campos eletromagnéticos. Mesmo no espaço externo, onde não existem praticamente moléculas, o espaço ainda é preenchido com esses campos.

Saturno, 1,4 bilhão de quilômetros distante do Sol, mantém-se em sua órbita devido ao campo gravitacional do Sol. Sua distância do Sol é em torno de dez vezes maior que a distância da Terra com relação ao Sol.

Que as forças estejam conosco

Cada um de nós e tudo o que podemos sentir é uma fonte de campos gravitacionais e eletromagnéticos. Cada um de nós e tudo o que podemos sentir é influenciado pelos campos gravitacionais e eletromagnéticos de tudo o que está ao nosso redor. Não existem coisas isoladas ou espaço vazio. Tudo está conectado com tudo.

Em páginas anteriores deste livro encontramos a Idéia Extraordinária dos Sistemas. Agora temos a **Idéia Extraordinária das Conexões**.

Dr. Art tem a grande satisfação de revelar que esta é uma visão do mundo por meio de sistemas. Sistemas giram em torno de coisas que se conectam com outras e as influenciam. Sistemas não tratam de uma coisa isolada que não tem conexões. Tudo o que existe está conectado de modo muito surpreendente com tudo o mais.

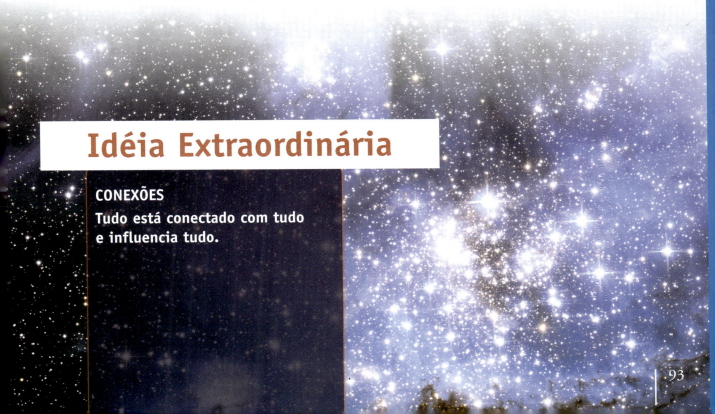

Idéia Extraordinária

CONEXÕES
Tudo está conectado com tudo e influencia tudo.

PARE & PENSE

Os cientistas geralmente criam modelos para poder compreender o que constitui seu objeto de pesquisa. Por exemplo, depois de disparar partículas subatômicas numa finíssima lâmina de ouro, Rutherford desenvolveu um modelo do átomo representando um núcleo muito pequeno e com carga positiva. Para você visualizar a estrutura do átomo, eu usei o modelo de uma bolinha de gude no centro do Maracanã, com os elétrons representados como partículas de pó nas arquibancadas (página 50).

Quase todos nós usamos modelos em nossos momentos de recreação e no trabalho. Interagimos com o computador e com outros jogos como se fossem coisas reais. Assistimos a filmes cheios de modelos da realidade. Gostamos quando o jogo ou o filme nos induz a pensar que ele é real.

Os cientistas usam modelos porque eles os ajudam a raciocinar e a comunicar suas idéias com maior clareza. Os modelos podem assumir muitas formas. Um modelo pode até ser tão esquisito como recorrer a um Baile de Aniversário para explicar as diferenças entre sólidos, líquidos e gases.

Além de mergulhar em seus modelos como nós fazemos com jogos e filmes, os cientistas também se distanciam dos seus modelos para analisá-los. Eles procuram imaginar como o modelo é diferente da realidade e se as diferenças os levam a cometer erros em seu raciocínio. Eles se perguntam como podem mudar os modelos para que representem a realidade com mais precisão.

Este capítulo inclui um modelo simples de como uma usina produz eletricidade. Movimentando ímãs de um lado para o outro num tubo com centenas de fios elétricos encapados, fazemos com que a eletricidade percorra o fio (página 74). Esse é um bom modelo porque as mesmas propriedades do eletromagnetismo fazem com que a eletricidade flua em usinas. Como este modelo não queima combustível, ele não é um bom modelo se queremos compreender como usinas causam poluição atmosférica.

Durante a leitura deste livro, preste atenção aos modelos que eu adoto. Pergunte a si mesmo se eles o ajudam a compreender as idéias. Veja se você consegue inventar os seus próprios modelos para explicar as idéias para si mesmo e para outras pessoas. O próximo capítulo apresenta muitos modelos, por isso você pode começar a praticar desde já.

www.guidetoscience.net

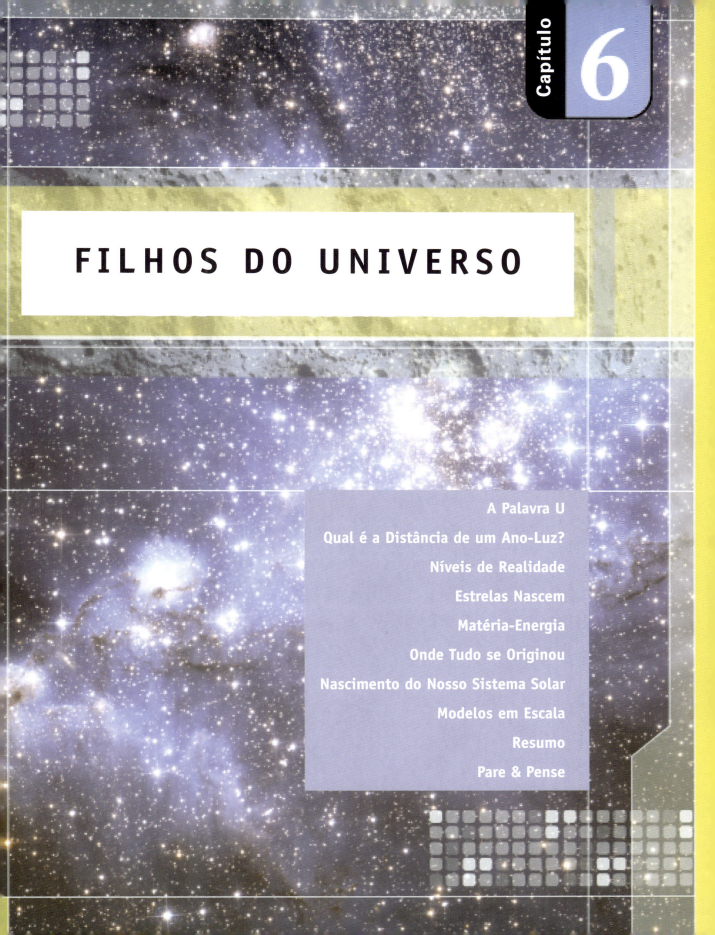

Capítulo 6

FILHOS DO UNIVERSO

A Palavra U
Qual é a Distância de um Ano-Luz?
Níveis de Realidade
Estrelas Nascem
Matéria-Energia
Onde Tudo se Originou
Nascimento do Nosso Sistema Solar
Modelos em Escala
Resumo
Pare & Pense

Capítulo 6 – Filhos do Universo

A Palavra U

O nosso universo é constituído de toda a matéria e energia que ocupa este mesmo espaço e tempo. À medida que ampliamos o nosso conhecimento sobre o universo, descobrimos que ele é muito mais impressionante do que podemos imaginar.

Antigamente as pessoas achavam que a Terra era o centro do universo. Hoje sabemos que o Sol é apenas uma estrela entre bilhões num conjunto de estrelas que chamamos de galáxia da **Via Láctea**. A fotografia na margem inferior da página seguinte mostra uma galáxia com forma semelhante à nossa. O nosso sistema solar está localizado num dos "braços" espirais, em torno de dois terços de distância do centro para a borda da bela galáxia da Via Láctea.

Filhos do universo

> Ao verem a Via Láctea no céu, muitas pessoas têm a idéia errônea de que a estão vendo de um ponto fora da galáxia. A faixa irregular e indefinida de luz que circunda o céu noturno, faixa a que damos o nome de Via Láctea, é na verdade a aparência do centro da galáxia desde o nosso ponto de observação em um dos seus braços espirais.

As pessoas que moram em cidades raramente enxergam a quantidade de estrelas que existem no céu, pois as luzes atrapalham. Em noites claras em áreas escuras, o céu aparece repleto de milhares de estrelas, e uma faixa de luz vaga também circunda o céu noturno. Pessoas em todas as culturas observaram essa faixa especial de luz. Quando a enxergamos, dizemos, "Ei, veja a Via Láctea!"

Bem, acontece que sempre que vemos estrelas no céu, já estamos olhando para a Via Láctea. Todos esses milhares de estrelas fazem parte da galáxia da Via Láctea. Quando olhamos para o centro distante da galáxia, nós o vemos como uma faixa enevoada de luz. Ela parece tão especial que a chamamos de Via Láctea. Ela é efetivamente o centro da Via Láctea, não a galáxia toda.

Num tempo relativamente recente, inícios do século XX, os cientistas pensavam que a nossa galáxia era o universo inteiro. Hoje sabemos que o universo tem bilhões de galáxias, cada uma com seu próprio conjunto de números incontáveis de estrelas.

Esta seria a aparência da Via Láctea se pudéssemos vê-la de uma posição fora da galáxia.

97

Guia do dr. Art para a ciência

Qual é a Distância de um Ano-Luz?

A galáxia mais próxima, Andrômeda, está 20 vezes mais distante de nós do que a largura da Via Láctea. Andrômeda está tão longe que precisamos de um novo conceito para definir essa distância. Em vez de usar quilômetros, os cientistas dizem que a distância da Terra até Andrômeda é de 2.000.000 de anos-luz.

Se de algum modo pudéssemos sair da Via Láctea, teríamos de viajar 2.000.000 de anos-luz para chegar a Andrômeda. Em outras palavras, mesmo se pudéssemos nos deslocar à velocidade da luz, a viagem duraria dois milhões de anos. Durante 95% da nossa jornada, estaríamos em espaço vazio, praticamente sem a presença de nenhuma molécula. Essa seria definitivamente uma viagem muito longa e muito estranha.

Um **ano-luz** é a distância que a luz percorre em um ano à velocidade de 300.000 quilômetros por segundo. Para calcular essa distância, precisamos multiplicar a velocidade da luz em quilômetros por segundo pelo número de segundos num ano.

$$\frac{300.000 \text{ km}}{\cancel{\text{segundo}}} \times \frac{60 \cancel{\text{segundos}}}{\cancel{\text{minuto}}} \times \frac{60 \cancel{\text{minutos}}}{\cancel{\text{hora}}} \times \frac{24 \cancel{\text{horas}}}{\cancel{\text{dia}}} \times \frac{365 \cancel{\text{dias}}}{\text{ano}} = \frac{9.500.000.000 \text{ km}}{\text{ano}}$$

Assim, a luz viaja 9.500.000.000 de quilômetros num ano. Em dez anos, ela viaja dez vezes mais essa distância, o que seriam 10 anos-luz.

Algumas pessoas ficam confusas porque o termo ano-luz inclui a palavra "ano", um termo que geralmente empregamos para tempo, não para distância. Você pode se acostumar com essa idéia descrevendo outras distâncias em termos de minutos-bicicleta ou horas Talvez seu cinema preferido esteja a uma distância de 40 minutos-bici ou 20 minutos-ônibus quando o trânsito está normal. Um refrigerado um prato delicioso poderia estar a apenas 7 segundos-corrida do seu q Para uma criança pequena, ele poderia estar a 25 segundos-gatinhas d distância.

Apenas 25 segundos-gatinhas de distância.

Apenas 20 minutos-metrô de distância.

Imagine que você tenha uma tia rica e excêntrica chamada Matemática. Ela mora a 300 quilômetros de distância, e sempre traz presentes fantásticos. Titia Matemática adora ciências e matemática. Como ela sabe que você está lendo o Capítulo 6 do *Guia do Dr. Art para a Ciência*, ela diz que lhe fará uma visita depois que você lhe escrever e disser a que distância ela mora em termos de horas-bicicleta, dias-corrida e segundos-luz. Ela informa que consegue andar 20 km por hora de bicicleta, correr 15 km num dia e que a luz viaja a 300.000 km por segundo. O que você vai escrever para ela?

Níveis de Realidade

Estamos estudando o universo desde o nível subatômico até o cósmico. Nas suas menores dimensões, as partículas subatômicas se juntam para formar átomos. Esses átomos se combinam para formar moléculas, como a água, o dióxido de carbono e as proteínas. Zilhões de moléculas se associam para formar o nível de realidade em que normalmente operamos. O nosso planeta faz parte de um sistema solar localizado na imensa galáxia da Via Láctea. O universo contém bilhões de galáxias.

Esses níveis compreendem números extremamente pequenos (como 0.0000001 cm para o tamanho dos átomos) e números inimaginavelmente grandes (como a distância de um ano-luz). Os cientistas e matemáticos chegam a cansar de tanto escrever e contar zeros. Eles usam o método da "potência de dez" para escrever números realmente pequenos e realmente grandes.

Nesse método, um mil (1.000) é escrito como 10^3. Um milhão (1.000.000) é escrito como 10^6 (expresso como dez à sexta potência ou apenas dez à sexta). Simplesmente conte os dígitos depois do um e você terá o número da potência.

Com números realmente pequenos, um milésimo (0.001) escreve-se 10^{-3}. Um milionésimo escreve-se 10^{-6} (expresso como dez a menos seis). Simplesmente conte os dígitos à direita do ponto decimal e você terá o número da potência negativa.

Querida Titia Matemática,

Estou aguardando ansioso sua visita. Espero que a senhora possa chegar bem rápido. A distância daqui até a sua casa é de 15 horas-bicicleta. Se a senhora vier correndo, a distância será a mesma, mas parecerá maior porque serão 20 dias-corrida. Se a senhora embarcasse num raio de luz, a viagem duraria menos de um segundo.

Não se esqueça, da última vez que nos visitou, a senhora prometeu revelar-me o segredo de como recebeu seu nome.

GALÁXIA
Bilhões de estrelas agrupadas pela gravidade

SISTEMA SOLAR
9 planetas e outros corpos giram em torno do Sol

UNIVERSO
Bilhões de galáxias

Via Láctea: 10^{21}

Agora posso ver com você a famosa descrição da **Potência de Dez** dos níveis do nosso universo, popularizada por duas equipes formadas por marido e mulher (os cientistas Philip e Phylis Morrison e os artistas Charles e Ray Eames). Começamos com o nosso nível de realidade e a fotografia de uma abelha numa flor.

Do nível do chão pulamos para dimensões cada vez maiores. A flor está no Parque Golden Gate de San Francisco. Saltando cinco potências de dez, temos uma vista da Área da Baía de San Francisco a uma distância de 100 km acima do solo. Em seguida saltamos outras duas potências de dez para ter uma vista mais ampla de todo nosso planeta. Desse ponto precisamos saltar mais duas potências de dez para ver a órbita da Lua em torno da Terra. Outras quatro potências de dez nos possibilitam ver todos os planetas que orbitam em torno do Sol. Do sistema solar, saltamos mais oito potências de dez para ter uma vista panorâmica da galáxia da Via Láctea.

Sistema Solar: 10^{13}

Órbita da Lua da Terra: 10^{9}

Terra: 10^{7}

Imagem de satélite da Área da Baía de San Francisco: 10^{5}

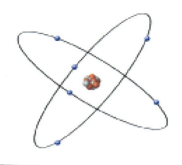
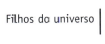

NOSSO NÍVEL
Planeta com milhões de coisas diferentes

ATÔMICO
92 átomos diferentes formam os elementos

SUBATÔMICO
Três partículas que "formam" o átomo

Voltando ao nosso nível básico da abelha na flor, podemos ampliar cem vezes para ver belos detalhes da cabeça da abelha. Aumentando outras quatro potências de dez, podemos ver uma célula sanguínea vermelha no sangue da abelha. Com mais três potências de dez menores (até o tamanho de 10^{-9} metros), apenas começamos a ter condições de formar imagens de átomos ligados uns aos outros. Não temos imagens fotográficas de estruturas menores, mas os cientistas pesquisaram a natureza da realidade até níveis de 10^{-20} metros e ainda menos.

Estrelas Nascem

Talvez você tenha ouvido de alguém ou lido em algum lugar que o nosso universo começou com um "Big Bang." Antes da teoria do Big Bang, os cientistas pensavam que o universo sempre existiu com quase os mesmos tipos de matéria. Entretanto, eles continuavam encontrando mais e mais provas de que o universo começou em torno de quinze bilhões de anos atrás e de que passou por mudanças espantosas desde o início.

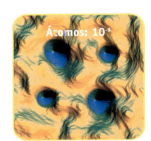
Átomos: 10^{-9}

Célula sanguínea: 10^{-6}

Cabeça da abelha: 10^{-2}

Estamos em algum ponto no meio de uma realidade impressionante que se expande muitas potências de dez acima de nós e mergulha muitas potências de dez abaixo de nós.

GRANDE IDÉIA

Hoje parece quase certo que no início de sua história, o universo não continha estrelas nem galáxias. Em sua infância, o nosso universo tinha apenas hidrogênio e hélio, os dois elementos mais simples (hidrogênio tem um próton; hélio tem dois prótons). Esses átomos estavam espalhados uniformemente em todo o universo, com aproximadamente 75% de hidrogênio e 25% de hélio.

> Em sua infância, o nosso universo tinha apenas hidrogênio e hélio, os dois elementos mais simples.

O que impediu que o universo se tornasse um lugar escuro e enfadonho consistindo apenas de hidrogênio e hélio dispersos pelo espaço? A gravidade criou novas possibilidades promissoras para o universo. Lentamente, ao longo do tempo, a gravidade começou a fazer com que o hidrogênio e o hélio se reunissem em enormes blocos com espaços vazios entre eles.

Como a força da gravidade aumenta com a quantidade de matéria, quanto mais material se junta num local, mais ele atrai outros materiais para suas proximidades. Como resultado, formaram-se e desenvolveram-se nuvens de gás contendo hidrogênio e hélio.

Antes que esses blocos se formassem, cada lugar no universo incipiente tinha quase a mesma aparência que todos os outros lugares. Depois que a gravidade começou a fazer com que o hidrogênio e o hélio se juntassem, o universo se tornou mais interessante. Em algumas partes dele formaram-se grandes nuvens com concentrações de hidrogênio e hélio. As áreas entre elas ficaram mais vazias, contendo um número cada vez menor de átomos.

Com o tempo, o universo ficou mais interessante.

Aproximadamente 100 milhões de anos depois do Big Bang, as nuvens de gás haviam acumulado tanto gás que aconteceu uma coisa totalmente nova. Algumas dessas nuvens haviam reunido 100 vezes mais massa, ou mais, do que a que existe atualmente em nosso Sol. O que acontece quando a gravidade causa o acúmulo de muitos átomos num só lugar? Os átomos próximos do centro sentem uma enorme pressão da massa de todos os átomos periféricos. Essa pressão muda drasticamente a forma e o comportamento dos átomos do centro.

Um átomo consiste num núcleo minúsculo que contém quase toda a massa (prótons e nêutrons) cercada por elétrons distantes. A pressão de todos os átomos periféricos contra o centro faz com que os átomos do gás interior colidam violentamente, quebrando suas camadas eletrônicas. Como conseqüência, prótons e nêutrons de diferentes átomos se fundem devido à imensa pressão gravitacional e se combinam para formar núcleos atômicos maiores.

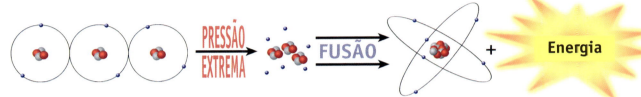

O processo que acabei de descrever é chamado de **fusão nuclear**. Esse processo libera enormes quantidades de energia. As nuvens de gás reluziram e em seguida brilharam. As estrelas haviam nascido. Sua luz anunciava que o universo se tornara um lugar muito interessante com excelentes possibilidades.

Matéria-Energia

Ei, um momento, um momento! O que aconteceu com a Lei da Conservação de Energia? De onde veio toda essa energia?

Precisamos consultar o cientista mais famoso do século passado para ter a resposta. Albert Einstein ensinou que matéria e energia são na verdade duas manifestações do mesmo fenômeno. Eu gosto de me referir a esse fenômeno com o termo **matéria-energia**.

Você não achava que a eletricidade e o magnetismo eram totalmente diferentes um do outro? Lembra disso? Mas então você aprendeu que ambos fazem parte de algo maior chamado eletromagnetismo. Einstein ensinou que a substância básica do universo é a matéria-energia. O que chamamos de energia e o que chamamos de matéria são de fato dois modos diferentes pelos quais temos contato com a matéria-energia. A matéria pode se transformar em energia e a energia pode se transformar em matéria.

Guia do dr. Art para a ciência

$$E = mc^2$$

No nosso quotidiano, temos experiência da matéria-energia ou como energia ou como matéria. Ou seja, elas se apresentam como realidades bem diferentes. Os físicos e engenheiros têm conhecimento prático da matéria-energia. Para eles, matéria e energia se transformam uma na outra em usinas nucleares, em experimentos físicos altamente especializados e em suas observações de estrelas e galáxias.

Energia e matéria são, portanto, partes da mesma coisa e contam com uma equação que mostra como elas se relacionam. A famosa equação de Einstein, $E = mc^2$, quantifica exatamente a relação entre matéria e energia. Quando a matéria se transforma em energia, a quantidade de energia (E) liberada é igual à massa (m, quantidade de matéria) que está em processo de transformação multiplicada pela velocidade da luz ao quadrado (c^2). Como a velocidade da luz ao quadrado é um número muito grande, obtemos muita energia (E) de uma pequena porção de matéria. Por exemplo, o Sol libera calor e luz por causa da fusão nuclear. O Sol transforma 5 milhões de toneladas de massa nuclear em energia, por segundo. Felizmente, ele tem matéria suficiente para continuar fazendo isso durante outros cinco bilhões de anos.

Não é só a matéria que se transforma em energia; também a energia se transforma em matéria. Partículas subatômicas podem originar-se da energia e voltar a desaparecer na energia. Isso seria um belo número de prestidigitação e ilusionismo se acontecesse no nosso nível de realidade.

VOCÊ SABIA?
Se toda a massa desta página fosse transformada em energia, a energia liberada destruiria uma cidade pequena.

Filhos do universo

O que aconteceu com a Lei da Conservação de Energia? Ela se tornou uma idéia ainda maior. Podemos agora chamá-la de Conservação da Matéria-Energia. Sempre que alguma coisa acontece no universo, a quantidade de matéria-energia no início é exatamente igual à quantidade de matéria-energia no fim. A matéria-energia nunca se cria nem nunca se perde. A Lei da Conservação de Energia anterior continua válida enquanto a matéria não se transforma em energia ou a energia não se transforma em matéria. A matéria-energia é tão importante e impressionante que eu a chamo de **Idéia Extraordinária da Matéria-Energia**.

Onde Tudo se Originou

Alguns de vocês podem ter observado que os únicos elementos existentes depois do Big Bang eram o hidrogênio e o hélio. Esses dois gases são fantásticos, mas não conseguem formar planetas semelhantes à Terra nem organismos vivos. No entanto, existimos no planeta Terra. Como nós e a Terra consistimos em átomos que são muito maiores e mais complicados do que o hidrogênio e o hélio, algum processo deve ter formado esses átomos maiores. Onde os elementos maiores tiveram origem?

Idéia Extraordinária

MATÉRIA-ENERGIA

O nosso universo é constituído de matéria-energia. Matéria e energia são manifestações do mesmo fenômeno e se transformam uma na outra de acordo com a equação $E = mc^2$.

Para compreender a origem dos elementos maiores, precisamos examinar o que acontece nas estrelas. Pelos padrões da Terra, as estrelas contêm enormes quantidades de matéria. O nosso Sol é uma estrela média e contém 300.000 vezes mais massa do que o nosso planeta. Muitas estrelas são muitas vezes maiores do que o nosso Sol.

Como descrevi mais acima neste capítulo, a pressão de toda a massa na direção do núcleo causa mudanças formidáveis nos átomos próximos do centro de uma estrela. A maior parte da massa da estrela é composta de hidrogênio, e o núcleo do hidrogênio tem um próton. As camadas eletrônicas externas se despedaçam e os núcleos são obrigados a se aproximar cada vez mais. Por meio da fusão nuclear, os núcleos de hidrogênio se combinam para formar hélio, que tem dois prótons. Quando isso acontece, parte da massa se transforma em grande quantidade de energia, que então explode para fora a partir do centro.

As estrelas se mantêm numa condição de equilíbrio muito delicado. A massa de todos os átomos tende a forçar a esfera das estrelas a se tornar mais densa e menor. Essa mesma pressão faz com que os átomos de hidrogênio do interior se combinem. Nesse processo de fusão nuclear, quantidades extraordinárias de energia são liberadas. Essa energia força os átomos de gás para fora. Por isso, as estrelas estão constantemente sob a ação de forças que tendem a fazê-las implodir (encolher drasticamente em tamanho) e explodir. Todas as estrelas equilibram as forças que puxam para dentro (gravidade) e que empurram para fora (explosões nucleares).

É freqüente os astrônomos descreverem as estrelas em termos de ciclos de vida. Uma estrela nasce quando átomos de hidrogênio se acumularam em volume suficiente para formar a pressão que desencadeia o processo de fusão nuclear. Uma estrela entra na fase principal da "vida" quando se estabelece um equilíbrio entre as forças que puxam para dentro e as que empurram para fora. Uma estrela do tamanho do nosso Sol pode fundir seu hidrogênio mais ou menos constantemente durante dez bilhões de anos ou mais.

Depois de consumir seu combustível de hidrogênio, as estrelas começam a envelhecer, e então passam a usar hélio como combustível nuclear. Os núcleos de hélio se combinam com prótons ou com outros núcleos de hélio para formar elementos maiores. Esse processo estelar comum explica como o nosso universo pode conter átomos maiores do que o hidrogênio e o hélio. Por exemplo, três núcleos de hélio se combinam para formar carbono com seus seis prótons. Todos os seres vivos da Terra são organismos de base carbono. Esse carbono foi produzido nas estrelas por esse processo de fusão nuclear.

Se podemos dizer que as estrelas nascem, vivem e envelhecem, há algum sentido em dizer que elas morrem? Na verdade, a morte das estrelas fornece uma das chaves para compreender o universo. Algumas estrelas maiores do que o Sol terminam sua vida em explosões extremamente violentas. Essas grandes estrelas podem explodir de um modo que libera mais energia em poucas semanas do que o nosso Sol durante todos os seus dez bilhões de anos. Os astrônomos chamam essa explosão de **supernova**. Uma galáxia média tem três eventos de supernovas por século.

GRANDE IDÉIA

A fusão nuclear nas estrelas cria todos os elementos, menos o hidrogênio.

Esses eventos de supernovas geram calor e pressões tão intensos que os átomos se fundem para criar todos os elementos, menos o hidrogênio. Estamos acostumados a pensar nas explosões como processos que produzem a fragmentação de coisas. As explosões da fusão nuclear são muito diferentes — os átomos se combinam para formar átomos maiores. A enorme energia da explosão surge porque parte da massa se transforma em energia. Explosões de supernovas são importantes porque ajudam a criar todos os elementos mais pesados e porque espalham todos os elementos pela galáxia.

Essa poeira estelar se espalha dentro de uma galáxia e se mistura com as nuvens existentes de hidrogênio, hélio e outros elementos. As ondas de choque de explosões de supernovas também podem aproximar gás o suficiente para formar uma estrela. Parte da poeira estelar pode acabar se transformando em planetas que giram em torno da nova estrela. Assim, as estrelas não só podem morrer, mas podem também renascer como novas estrelas e como planetas.

Nascimento do Nosso Sistema Solar

Aproximadamente 4.500.000.000 de anos atrás, uma enorme nuvem de gás começou a se contrair rapidamente nas vizinhanças da Via Láctea, um evento provavelmente desencadeado por uma onda de choque de uma supernova relativamente próxima. Essa nuvem de gás continha altas quantidades de elementos mais pesados, além do hidrogênio e do hélio universais. A supernova injetou seus elementos mais pesados na nuvem de gás. O nosso Sol e todos os corpos do sistema solar (planetas, luas, asteróides) se formaram dessa mesma mistura de hidrogênio, hélio e elementos pesados.

A maior parte da matéria condensou-se no centro, produziu a fusão nuclear do gás hidrogênio e se tornou o nosso Sol. O gás e a poeira restantes passaram a girar em torno do Sol e formaram os planetas, luas, asteróides e cometas.

GRANDE IDÉIA
A Terra é essencialmente poeira estelar.

Comparado com outras estrelas da Via Láctea, o Sol é uma estrela de tamanho médio. Do nosso ponto de vista local, o Sol é a estrela do nosso sistema solar. Para nós ele é uma estrela muito especial porque se localiza a apenas 149.500.000 de quilômetros da Terra. Ele tem 740 vezes mais massa do que todos os planetas juntos. Poderíamos colocar um milhão de Terras dentro do Sol.

O nosso Sol consiste essencialmente em 70% de hidrogênio, 28% de hélio e 2% de elementos mais pesados. Todo o hidrogênio do Sol e a maior parte do seu hélio começaram a existir nos primeiros minutos do universo. O restante do hélio e todos os elementos mais pesados do Sol foram produzidos em estrelas milhões de anos depois do Big Bang.

A Terra é essencialmente poeira estelar. Pense num átomo de oxigênio que você respira aqui na Terra neste exato momento. Cada átomo de oxigênio tem oito prótons. Esses prótons surgiram inicialmente como átomos de hidrogênio e hélio no princípio do universo. Eles se uniram a outros átomos de hidrogênio e hélio para se transformar numa estrela na galáxia da Via Láctea. Nesses processos de fusão nuclear da estrela, esses átomos simples se combinaram para formar o átomo maior de oxigênio com seus oito prótons.

Quando a estrela explodiu, o átomo de oxigênio se misturou com outros gases na Via Láctea. Depois ele foi atraído por um composto turbilhonante de hidrogênio,

Filhos do universo

hélio e outros elementos pesados que formavam nosso sistema solar. A maior parte desse material se transformou no Sol, mas uma pequena porcentagem formou os planetas que giram em torno do Sol. O átomo de oxigênio se combinou com o carbono e se tornou parte de rocha terrestre.

Um átomo de cálcio no seu dente — produzido numa estrela mais de 4.5 bilhões de anos atrás.

Um átomo de nitrogênio numa das suas células cardíacas — produzido numa estrela mais de 4.5 bilhões de anos atrás.

Um átomo de oxigênio numa molécula de água do seu sangue — produzido numa estrela mais de 4.5 bilhões de anos atrás.

Como tudo na Terra, nós somos constituídos de átomos que foram produzidos em estrelas bilhões de anos atrás.

Um átomo de carbono que entra e sai dos organismos vivos desde o início da vida neste planeta — produzido numa estrela mais de 4.5 bilhões de anos atrás.

Um átomo de sódio num nervo do seu artelho — produzido numa estrela mais de 4.5 bilhões de anos atrás.

Modelos em Escala

No fim do último capítulo, escrevi que os cientistas usam modelos para descrever as coisas que eles pesquisam. Os modelos são feitos em diferentes tamanhos. Os modelos de dinossauros num museu são geralmente montados em tamanho natural. Por outro lado, a loja do museu pode ter figuras de dinossauros de brinquedo que cabem na mão de uma criança. Ambos os modelos representam a mesma coisa, mas são em escalas diferentes.

Se um modelo tem o mesmo tamanho do original, dizemos que a escala é de 1 por 1. Se o modelo é um décimo do tamanho original, dizemos que a escala é de 1 por 10. Imaginemos um modelo de dinossauro com um décimo do tamanho do original. Se a cabeça tem 2 metros de comprimento, a cabeça no modelo teria 0,2 m de comprimento.

A menina e o crânio do dinossauro eram de tamanho natural (escala 1 por 1) no museu. Qual você acha que seja a escala nesta fotografia?

109

Guia do dr. Art para a ciência

Os modelos em escala podem ser muito úteis para grandes sistemas, como o sistema solar ou a galáxia da Via Láctea. Começaremos com o planeta Terra e adotaremos como guia a Tabela "Dimensões e Distâncias Cósmicas", abaixo.

Sendo a Terra uma bolinha de gude e a Lua uma conta, a Lua se localizaria no ponto A, B ou C?

Usamos tabelas em capítulos anteriores para resumir um grande número de informações. A Tabela a seguir armazena alimento para nossa mente, por isso dedicaremos algum tempo para assimilar todo o seu significado.

Seguindo a linha da Terra, a Tabela de Dimensões e Distâncias Cósmicas mostra que o nosso planeta tem um diâmetro de 12.742 Km. A coluna "Diâmetro em Escala" informa que vamos usar uma bolinha de gude de 1 cm para representar o planeta Terra.

DIMENSÕES E DISTÂNCIAS CÓSMICAS				
OBJETO	DIÂMETRO REAL	DIÂMETRO EM ESCALA	DISTÂNCIA REAL DA TERRA	DISTÂNCIA EM ESCALA DA TERRA
TERRA	12.742 km	Bolinha de gude 1 cm	Localização Inicial	Localização Inicial
LUA	3.476 km	Conta de plástico	380.000 km	30 cm 0,3 m 1 pé
SOL	1.400.000 km 100 vezes o da Terra	Bola grande de praia	150.000.000 km	120 metros Quase o comprimento de um campo de futebol
ESTRELA MAIS PRÓXIMA	Semelhante ao do Sol	Bola grande de praia	5 anos-luz 48 sextilhões km	40.000 km
VIA LÁCTEA	100.000 anos-luz	Cerca de 5 vezes a distância real do Sol	Limite extremo em torno de 75.000 anos-luz	15.000 vezes mais longe que a estrela mais próxima
GALÁXIA DE ANDRÔMEDA	160.000 anos-luz	Cerca de 8 vezes a distância real do Sol	2.000.000 anos-luz de distância	20 vezes mais longe do que o limite da Via Láctea

Um ano-luz é a distância que a luz percorre em um ano. 1 ano-luz = 9.500.000.000.000 km.

Na linha da Lua, vemos que ela é em torno de um quarto do diâmetro da Terra. Ela poderia ser representada por alguma coisa em torno de um quarto do tamanho de uma bolinha de gude, como uma pequena conta de plástico. A que distância da bolinha de gude (Terra) devemos colocar a conta (Lua)? A Tabela informa que a distância real da Terra até a Lua é de 380.000 km.

Para sermos precisos, para representar a distância entre os objetos precisamos usar a mesma escala que usamos para as dimensões dos objetos em si. Continuamos com a bolinha de gude (canto esquerdo superior da página 110) para representar o planeta Terra. Que localização (A, B ou C) representa mais exatamente a distância da Lua (conta de plástico) com relação à Terra?

Usamos uma bolinha de gude com um diâmetro de 1 cm para representar o diâmetro de 12.742 km do planeta Terra. Portanto, nossa escala é:

**1 cm = 12.742 km, que podemos escrever como
1 cm/12.742 km (1 cm por 12.742 km).**

Como a Lua está a 380.000 km de distância, podemos calcular:

380.000 km x 1 cm/12.742 km = 30 cm
(observe que o km no numerador e no denominador se anulam um ao outro, e assim a nossa resposta é em cm).

Em outras palavras, se a Terra tem 1 cm de largura, a Lua deve ter 0,25 cm de largura e deve ser colocada a 30 cm da bolinha de gude. Assim, a conta na posição C representa corretamente tanto o tamanho da Lua como sua distância com relação à Terra.

Esse é um passatempo excelente para entreter os seus amigos. Mostre-lhes uma bolinha de gude e uma conta. Diga-lhes o que cada uma representa e pergunte-lhes a que distância a bolinha e a conta devem estar uma da outra. Depois, você pode também perguntar-lhes, "De que tamanho deve ser um objeto que represente o Sol e a que distância da bolinha de gude deve estar?"

Esta foto mostra um eclipse em que a Lua bloqueia nossa visão do Sol. Por que o Sol e a Lua parecem ter aproximadamente o mesmo tamanho?

Se os seus amigos forem uns caras legais, eles correrão para casa e pegarão o exemplar deles do *Guia do Dr. Art para a Ciência*. Daí voltarão com o livro aberto na página 110 e lhe mostrarão a linha do Sol na Tabela, dizendo com entusiasmo, "Você vê essa bola de praia a 120 metros de distância? Esse é o Sol brilhando sobre a nossa bolinha de gude".

Em seguida, se você olhar da bolinha de gude para a conta de plástico a aproximadamente uns 30 cm de distância e para a bola de praia a 120 metros de distância, a bola de praia ao longe (o Sol) dará a impressão de ter quase o mesmo tamanho da conta de plástico próxima (a Lua). Esse resultado é semelhante à nossa percepção comum de que o Sol e a Lua parecem ter praticamente o mesmo tamanho no céu.

As informações na Tabela de Dimensões e Distâncias Cósmicas nos dizem que enquanto o Sol é umas 400 vezes maior que a Lua (1.400.000 dividido por 3.476 = 403), ele também está 400 vezes mais longe (150.000.000 dividido por 380.000 = 395). É por isso que o Sol e a Lua parecem ter aproximadamente as mesmas dimensões no espaço.

O que dizer das estrelas que vemos à noite? A estrela mais próxima está tão distante que medimos sua distância em anos-luz e não em quilômetros. A Tabela de Dimensões e Distâncias Cósmicas mostra que a estrela mais próxima está a cinco anos-luz de distância. A luz dessa estrela leva cinco anos para chegar até nós, de modo que estamos vendo a estrela como ela parecia cinco anos atrás. Se essa estrela explodisse hoje, só veríamos essa explosão daqui a cinco anos.

Continuando com essa escala da nossa Tabela Cósmica, a que distância colocaríamos uma bola de praia que representasse a estrela mais próxima? É bom conseguirmos uma nave espacial porque precisamos colocar essa bola a 40.000 quilômetros de distância, quatro vezes mais o diâmetro do planeta. Em nosso modelo, o Sol está a um campo de futebol de distância, e a estrela mais próxima está quatro vezes mais distante que o diâmetro da Terra. Apesar de todos os filmes de ficção científica, a estrela mais próxima está tão distante que não temos esperança de viajar para lá num futuro próximo.

Resumo

Vivemos num universo extraordinário que se expande muitas potências de dez acima de nós e mergulha muitas potências de dez abaixo de nós. Temos a experiência da matéria e da energia como coisas muito diferentes, mas elas são duas formas da mesma coisa, matéria-energia.

Três forças explicam o comportamento da matéria-energia em nosso universo. A gravidade faz com que ela se agrupe em estruturas enormes como galáxias, estrelas e planetas. O eletromagnetismo reúne a matéria em formas que conhecemos — átomos, moléculas, líquidos e sólidos. A força nuclear forte mantém os prótons coesos, possibilitando a existência de mais de 90 elementos diferentes.

Somos filhos do universo. Todos os átomos de hidrogênio em nosso corpo (aproximadamente 10% de nossa massa) começaram a existir com o nascimento do nosso universo, aproximadamente treze bilhões de anos atrás. O restante dos nossos átomos se formou nas estrelas em tempos e lugares muito distantes.

Como nós, a Terra também é poeira das estrelas. Nos três próximos capítulos, estudaremos a matéria, a energia e a vida no planeta feito de poeira que é nosso lar.

PARE & PENSE

Neste capítulo, usamos a matemática para modelos em escala, para potências de dez e para a famosa equação de Einstein. A matemática é chamada de linguagem da ciência. Isto é verdade porque a matemática é a linguagem do universo. Quando os cientistas investigam o mundo, eles em geral descobrem que as coisas se relacionam umas com as outras de acordo com regras matemáticas muito específicas.

Os cientistas descrevem uma equação como a de Einstein, $E = mc^2$, como sendo elegante e bela. Essa equação revela uma verdade muito profunda sobre o universo, que energia e matéria são duas formas da mesma coisa. Igualmente impressionante, a relação envolve a velocidade da luz. A quantidade de energia é exatamente igual à quantidade de massa multiplicada pela velocidade da luz ao quadrado. Apenas cinco símbolos matemáticos (E, =, m, c, 2) descrevem uma das características mais importantes do nosso universo. Entre muitas outras coisas, essa equação explica como as estrelas podem emitir energia durante bilhões de anos.

Talvez eu não consiga ajudá-lo a apreciar a beleza da matemática, mas posso ajudá-lo a usar a matemática. Uma coisa que aprendi na escola me ajudou em muitas situações inesperadas. Trata-se de uma regra simples: preste atenção às unidades. Verifique se as unidades se anulam umas às outras para que você possa obter a resposta que procura.

Essa regra é útil em muitas situações científicas. A verificação das unidades também pode ajudar em muitas situações da vida real. Por exemplo, eu quero comprar um carro novo, com a expectativa de andar 15.000 quilômetros por ano, durante 10 anos. O cálculo a seguir mostra quanto dinheiro eu pouparia com um carro híbrido que faz 20 quilômetros por litro, em vez de um veículo que faz a média de 10 quilômetros por litro de gasolina. Estou supondo que a gasolina custará uma média de R$ 2,50 por litro durante os próximos dez anos.

Carro híbrido: (15.000 km/ano)(1 l/20 km)(R$ 2,50/l)(10 anos) = R$ 18.750,00

Carro normal: (15.000 km/ano)(1 l/10 km) (R$ 2,50/l)(10 anos) = R$ 37.500,00

Ao longo de 10 anos, vou poupar R$ 18.750,00.

www.guidetoscience.net

Capítulo 7

LAR DOCE LAR

- A Terra no Sistema Solar
- A Terra é um Todo
- A Substância Sólida da Terra
- A Substância Líquida da Terra
- O Ciclo da Água
- A Substância Gasosa da Terra
- O Ciclo do Carbono
- Um Sistema Fechado para a Matéria
- Pare & Pense

Capítulo 7 – *Lar Doce Lar*

A Terra no Sistema Solar

Podemos escrever e falar sobre o universo, mas na verdade não conseguimos representá-lo. Por outro lado, sabemos que a galáxia da Via Láctea é uma bela galáxia em espiral, exatamente como as que vemos com nossos telescópios. Ainda assim, a imensa largura da Via Láctea (100.000 anos-luz) nos impede de explorá-la fisicamente ou de ligar-nos a ela emocionalmente.

Marcas do Rover em Marte.

Nossas atitudes mudam quando, em termos dimensionais, descemos ao nível do sistema solar. Ao longo da história, o homem se vinculou emocionalmente ao Sol e seus planetas.

Naturalmente, o Sol é a estrela do sistema solar. Ele é o centro em torno do qual tudo gira. O Sol concentra 99,8% da massa de todo o sistema solar e fornece quase toda a energia existente na Terra.

Esse imenso corpo celeste, uma esfera de gás explosivo um milhão de vezes maior que a Terra, controla a nossa vida. O nosso dia é simplesmente a quantidade de tempo que a Terra precisa para realizar uma revolução completa sobre seu eixo. Sentimos o dia e a noite porque alternamos entre estar de frente e de costas para o Sol. O nosso ano é a quantidade de tempo que a Terra precisa para completar sua órbita em torno do Sol. A Terra é um planeta solar.

A Terra é um Todo

O nosso planeta é o terceiro corpo celeste a partir do Sol, localizado entre as órbitas do extremamente quente Vênus e do extremamente frio Marte. Os seres humanos se

116

Lar doce lar

ligam emocionalmente à Terra, o planeta que é nosso lar, nossa mãe que nos dá ar, água e alimento.

Uma das descobertas mais importantes da humanidade foi a de que vivemos num planeta redondo. Nós caçoamos da idéia de que a Terra era considerada plana. No entanto, nós próprios estamos em meio a uma mudança ainda maior quanto ao modo como devemos compreender o nosso planeta. E os seres humanos, em sua grande maioria, não têm consciência dessa mudança.

Quando concluímos que a Terra era redonda, aprendemos que todos os lugares do nosso planeta estão fisicamente interligados. Descobrimos que se viajássemos sempre na mesma direção não cairíamos num abismo, mas andaríamos em círculo e voltaríamos ao ponto de partida. Essa foi uma descoberta importante para os nossos ancestrais.

Hoje estamos aprendendo uma verdade muito mais importante do que a interligação física de lugares em nosso planeta. Estamos descobrindo que a Terra funciona como sistema em si mesmo. A Terra não é plana. Ela é muito mais do que redonda; ela é um todo.

"A Terra é um Todo" significa que todas as características físicas e organismos vivos do planeta estão interligados. Eles trabalham juntos de maneiras importantes e significativas. As nuvens, os oceanos, as montanhas, os vulcões, os vegetais, as bactérias e os animais, todos desempenham papéis fundamentais no funcionamento do nosso planeta.

Os cientistas criaram um novo campo da ciência,

GRANDE IDÉIA

"A Terra é um Todo" significa que todas as características físicas e organismos vivos do planeta estão interligados.

denominado **ciência dos sistemas da Terra**, para estudar e descobrir como todas essas partes trabalham juntas. Não tenho dúvidas de que você se deu conta da palavra **SISTEMAS**. A ciência dos sistemas da Terra reúne os instrumentos e as idéias de muitas disciplinas científicas, como a geologia, a biologia, a química, a física e as ciências da computação. Os cientistas adotam tecnologias modernas para medir as características mais importantes do nosso planeta, como a concentração de gases na atmosfera e a temperatura dos mares em diferentes pontos. Os satélites que giram ao redor do planeta fornecem muitos dados que os cientistas dos sistemas da Terra utilizam para compreender como o nosso planeta funciona e que mudanças estão ocorrendo.

GRANDE IDÉIA

Três partes do Sistema Terra:
- Matéria da Terra
- Energia da Terra
- Vida da Terra

Naturalmente, os homens fazem mais do que estudar e medir o planeta Terra. Como qualquer outro organismo, fazemos parte desse sistema Terra. Mais importante ainda, hoje estamos diante de um novo papel a desempenhar, um grande desafio a encarar. Pela primeira vez na história, podemos mudar radicalmente o funcionamento do planeta como um todo. Somos tão numerosos e temos tecnologias tão poderosas que podemos alterar o clima da Terra, destruir seu escudo de ozônio e transtornar completamente o número e as espécies de outros organismos que vivem no planeta conosco.

Podemos todos viver bem no nosso planeta sem prejudicar o sistema Terra como um todo? Para responder a essa pergunta, precisamos compreender como o planeta funciona. Isso parece muito mais complicado que descobrir que a Terra é redonda. Felizmente, a ciência dos sistemas da Terra pode explicar muitas características importantes do funcionamento do nosso planeta.

Começamos com a primeira pergunta sobre sistemas. Quais são as partes do sistema Terra? Em geral descrevo o sistema Terra em termos de três partes:

- **Matéria da Terra**
- **Energia da Terra**
- **Vida da Terra**

Ao estudar a Terra como um todo, nós nos concentraremos na Matéria da Terra (este Capítulo), na energia da Terra (Capítulo 8) e na vida da Terra (Capítulo 9).

Lar doce lar

Em outras palavras, examinaremos a substância (matéria) que existe na Terra, a energia que faz as coisas acontecerem no planeta Terra e os organismos que fazem com que nosso planeta seja único no sistema solar.

A Substância Sólida da Terra

Podemos pensar na matéria da Terra como um sistema constituído de três partes — substância sólida, substância líquida e substância gasosa. Os cientistas não gostam de usar palavras como substância, e por isso dão a essas partes os nomes de geosfera (parte sólida), hidrosfera (parte líquida) e atmosfera (parte gasosa). Começamos com a **geosfera**, a substância sólida da Terra.

É muito difícil imaginar as condições existentes há 4.500.000.000 (quatro bilhões e quinhentos milhões) de anos, quando a Terra começou a tomar forma em conseqüência dos constantes choques da matéria contra o planeta em desenvolvimento. Como um planeta jovem, em fase de formação, a Terra era uma bola explosiva de rochas e metais em fusão. Quando ela finalmente estabilizou seu tamanho e esfriou, o material mais denso se acomodou no centro, formando um núcleo de ferro que produz o campo magnético da Terra.

Nós vivemos numa fina crosta do material menos denso. Essa crosta ficou flutuando na superfície e foi se solidificando enquanto esfriava. Se representássemos o planeta como uma bola de 1,20 metro de diâmetro, a crosta seria formada por uma camada de apenas 7 milímetros.

GRANDE IDÉIA

Terremotos, vulcões e gêiseres indicam as altas temperaturas e pressões que existem no interior da panela de pressão da Terra.

Em geral, a geosfera é muito diferente da Terra sólida que vemos todos os dias. Sob nossos pés temos um mundo quase totalmente inexplorado de rochas e metais extremamente quentes. Esse material, que existe em condições de temperatura e pressão elevadíssimas, se liquefaz e flui, descendo milhares de quilômetros debaixo de nós, de nossas casas, dos oceanos e das florestas. Terremotos, vulcões e gêiseres indicam as altas temperaturas e pressões que existem no interior da panela de pressão da Terra.

Os cientistas acreditavam que os continentes e oceanos atuais eram exatamente os mesmos de bilhões de anos atrás. Mas na década de 1960 eles encontraram evidências convincentes que mudaram esse modo de ver o planeta. Suas medições, análises de dados e teorias provocaram uma revolução nas ciências da Terra.

Essa revolução nos ensinou que a superfície da Terra consiste em aproximadamente uma dúzia de grandes placas que se aproximam, afastam, sobrepõem, subpõem e se ligam umas às outras. Essas placas flutuam na superfície de uma camada móvel de material mais quente e fluido. Os oceanos e continentes estão inseridos nessas placas e se movimentam com elas. Assim, longe de permanecer os mesmos por bilhões de anos, os continentes e oceanos estão continuamente mudando de dimensões e de localização.

225 milhões de anos atrás

135 milhões de anos atrás

Veja como eles mudam rapidamente! Apenas no mês passado (está bem, 225 milhões de anos atrás — apenas o mês passado, numa escala de tempo geológica), toda a massa da Terra formava um único imenso continente. À época do Período Jurássico (há 135 milhões de anos), já havia alguma separação, mas a África ainda continuava praticamente colada à América do Sul. Só nos últimos 135 milhões de anos (menos de 5% do tempo de existência da Terra) é que se formou o volumoso Oceano Atlântico entre as Américas e a África/Europa.

Hoje

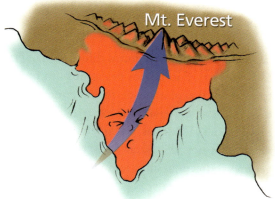

Lar doce lar

A Índia (representada em vermelho) oferece outro exemplo extremo dessas mudanças. A massa territorial atual da Índia localizava-se primitivamente ao sul do Equador, perto de onde se encontra hoje a Austrália. Durante essas centenas de milhões de anos, a placa que contém a Índia atual deslocou-se cerca de 6.500 quilômetros para o norte. A conseqüência foi que, há aproximadamente 40 milhões de anos, a Índia colidiu com a Ásia e ficou presa a ela. A crosta superficial onde a Índia e a Ásia colidiram elevou-se, formando a cadeia do Himalaia, que abriga o Monte Everest e outros nove dos picos mais altos do mundo.

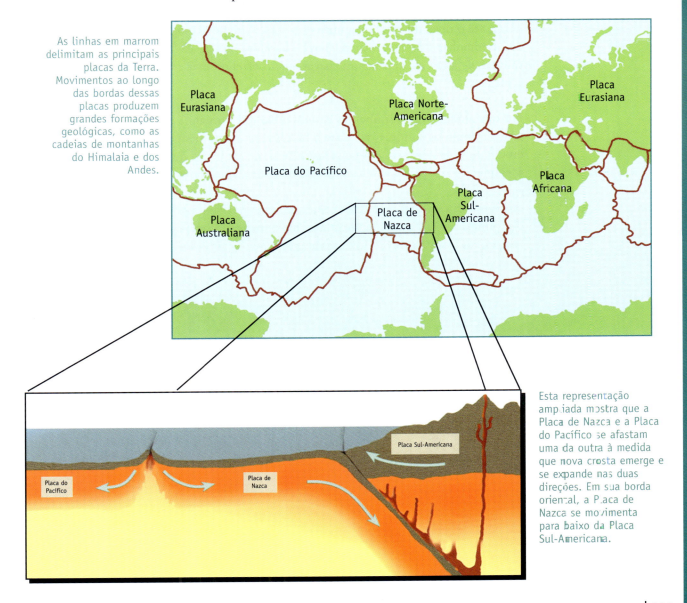

As linhas em marrom delimitam as principais placas da Terra. Movimentos ao longo das bordas dessas placas produzem grandes formações geológicas, como as cadeias de montanhas do Himalaia e dos Andes.

Esta representação ampliada mostra que a Placa de Nazca e a Placa do Pacífico se afastam uma da outra à medida que nova crosta emerge e se expande nas duas direções. Em sua borda oriental, a Placa de Nazca se movimenta para baixo da Placa Sul-Americana.

121

Guia do dr. Art para a ciência

Para compreender adequadamente o nosso planeta, precisamos ter em mente que essas placas e seus movimentos representam muito mais do que apenas continentes que se aproximam e se afastam. Os movimentos das placas constituem parte importante do **ciclo das rochas**.

As rochas da superfície da Terra estão num processo contínuo de fragmentação causado pela força da água corrente, pelas reações químicas, pelo vento e pelo gelo. Esses fragmentos de rocha acabam sendo levados para os oceanos, onde sedimentam. Como conseqüência dessa erosão, a superfície dos continentes tende a baixar até o nível do mar. Do ponto de vista do tempo geológico, essa fragmentação das montanhas e da superfície da Terra é bastante rápida. No decurso de apenas 18 milhões de anos, os continentes chegariam ao nível do mar e os oceanos cobririam o planeta.

Por que ainda temos continentes e montanhas que chegam a quilômetros atmosfera acima? Como os continentes existem há centenas de milhões de anos, o processo de erosão deve ser compensado por um processo de formação de montanhas. Os movimentos das placas explicam muitos detalhes dessa formação.

Às vezes formam-se montanhas quando massas continentais colidem, como no caso do Himalaia. Os vulcões demonstram que o material liquefeito proveniente do interior da Terra também forma montanhas, pois erupções vulcânicas não ocorrem apenas na superfície.

GRANDE IDÉIA

A Terra tem solo seco porque os processos de formação de montanhas compensam os processos de erosão.

Lar coce lar

O meio dos oceanos é uma das regiões geologicamente mais ativas. Essas regiões são lugares onde rochas incandescentes se projetam constantemente do interior para se transformar em nova crosta.

A crosta superficial sofre um processo contínuo de erosão e acaba sendo levada para os mares. Em regiões onde uma placa se subpõe a outra, a degradação rochosa é sugada para as profundezas do interior da Terra, onde derrete. Com o tempo, esse material derretido emerge à superfície como lava para formar novas rochas na Terra e novo leito nos oceanos.

O mesmo material rochoso é reutilizado indefinidamente. Quando estudamos o sistema da matéria da Terra, o ciclo das rochas é um dos que nos fazem andar de um lado para o outro murmurando "ciclos da matéria, ciclos da matéria, ciclos da matéria".

Ciclo das Rochas

A Substância Líquida da Terra

A água é uma bênção para o nosso planeta e lhe dá aquela aparência maravilhosamente azulada que pode ser vista do espaço. A presença da água líquida distingue claramente a Terra de todos os outros planetas e luas do sistema solar. De fato, a superfície da Terra tem quase três vezes mais água do que solo firme.

A água desempenha um papel tão importante em nosso planeta, que os cientistas dos sistemas da Terra estudam exaustivamente a **hidrosfera**, o sistema de toda a água da Terra. A hidrosfera pode ser estudada em termos de seus subsistemas — os oceanos, a água congelada nas geleiras e nas calotas polares, a água subterrânea, a água existente na superfície e o vapor de água na atmosfera.

As partes do sistema água da Terra também podem ser identificadas como "reservatórios de água", lugares onde há ocorrência de água. (Os cientistas usam o termo **reservatório** para descrever os diferentes lugares onde há ocorrência de qualquer substância, não apenas de água.) O reservatório que contém a maior parte de toda a água da Terra, 97,25%, é o reservatório oceânico. Consulte o quadro Reservatórios de Água da Terra para comparar as quantidades em outros reservatórios, como geleiras, água subterrânea, atmosfera e organismos vivos.

Também podemos comparar os diferentes reservatórios representando toda a água da Terra como 1.000 mililitros (1 litro) num béquer. Os oceanos contribuiriam com a maior parte dos 1.000 mililitros. Nessa comparação, por exemplo,

VOCÊ SABIA?
A superfície da Terra tem quase três vezes mais água do que solo firme.

RESERVATÓRIOS DE ÁGUA DA TERRA

RESERVATÓRIO	% DO TOTAL	VOLUME EM QUILÔMETROS CÚBICOS (KM³)
Oceano	97,25%	1.370.000.000
Calotas polares/geleiras	2,05%	29.000.000
Água subterrânea	0,68%	9.500.000
Lagos	0,01%	125.000
Solos	0,005%	65.000
Atmosfera	0,001%	13.000
Rios	0,0001%	1.700
Organismos vivos	0,00004%	600
TOTAL	100%	1.408.700.000

os lagos e os rios entrariam com cerca de uma gota e a atmosfera com uma parte muito diminuta de uma gota.

Naturalmente, a Terra contém muito mais água do que 1.000 mililitros. Os organismos vivos da Terra, o menor reservatório no quadro de Reservatórios de Água, contém 600 quilômetros cúbicos de água. Um quilômetro cúbico é a medida correspondente a um recipiente com um quilômetro de altura, um quilômetro de largura e um quilômetro de profundidade. Um quilômetro cúbico armazena cerca de 984.000.000.000 de litros, água suficiente para encher mais de 100 estádios cobertos. Isso significa que a água de todos os vegetais e animais da Terra encheria 60.000 campos de futebol cobertos. Assim, estamos falando de uma enorme quantidade de água, mesmo nos menores reservatórios do sistema de água da Terra.

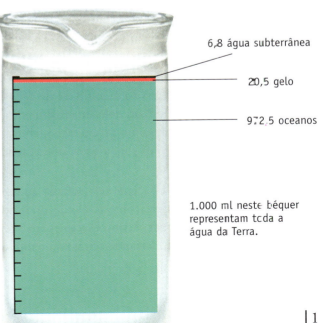

0,01 atmosfera
0,1 lagos & rios
6,8 água subterrânea
20,5 gelo
972,5 oceanos

1.000 ml neste béquer representam toda a água da Terra.

O Ciclo da Água

Se a água apenas permanecesse nos reservatórios, nós só teríamos um grande depósito de água parada no planeta Terra. Mas não, a Terra tem o famoso **ciclo da água**. A água se movimenta continuamente de um reservatório para outro. Ela evapora do oceano e passa ao estado gasoso. Na atmosfera, ela forma nuvens e se precipita, voltando ao oceano e ao solo como chuva. Quando o clima esfria demais, ela congela, formando neve e gelo. A neve e o gelo derretem e a água em estado líquido corre sobre a superfície ou no subsolo. Ao longo do tempo, uma molécula de água muda tanto de estado físico (gasoso, sólido, líquido) quanto de localização física (oceano, atmosfera, geleira, rio).

A ilustração Ciclo da Água mostra as quantidades de água que passam de um reservatório para outro em um ano. Cada unidade é igual a 1.000 quilômetros cúbicos de água (suficiente para encher cem mil estádios cobertos).

Observe a quantidade de água que sai do oceano a cada ano. 434 unidades evaporam dele anualmente. Entretanto, 398 dessas unidades retornam diretamente a ele como precipitação (chuva). As 36 unidades restantes são transportadas em nuvens para a terra, onde caem como chuva e neve.

Se essa água não voltasse ao oceano, este perderia água indefinidamente. Mas não é o que acontece. No decorrer de um ano, 36 unidades de água escoam da terra para o mar. Assim, exatamente a mesma quantidade de água que sai do oceano volta a ele, deixando seu volume total inalterado.

Lar coce lar

Você acha que a atmosfera perde ou ganha água no curso de um ano? Faça os cálculos e confirme para si mesmo que a quantidade de água que entra na atmosfera é igual à quantidade que sai.

De uma perspectiva global de longo prazo, vemos que as mesmas moléculas de água são reutilizadas indefinidamente. A hidrosfera, o sistema de água do planeta Terra, é um sistema fechado. Nenhuma água nova entra na hidrosfera. Nenhuma água consumida sai da hidrosfera. A mesma água passa de um reservatório a outro, circulando continuamente, e sugerindo o nome que damos a esse fenômeno — Ciclo da Água. O ciclo da água é outra razão que noz faz murmurar para nós mesmos "ciclos da matéria, ciclos da matéria, ciclos da matéria".

Resumindo, a substância líquida da Terra existe em reservatórios que estão interligados através do ciclo da água. Esses reservatórios diferem em suas localizações, em seus estados físicos e em suas quantidades. Embora a água saia e entre constantemente nesses reservatórios, eles tendem a manter a mesma quantidade no decorrer de um ano.

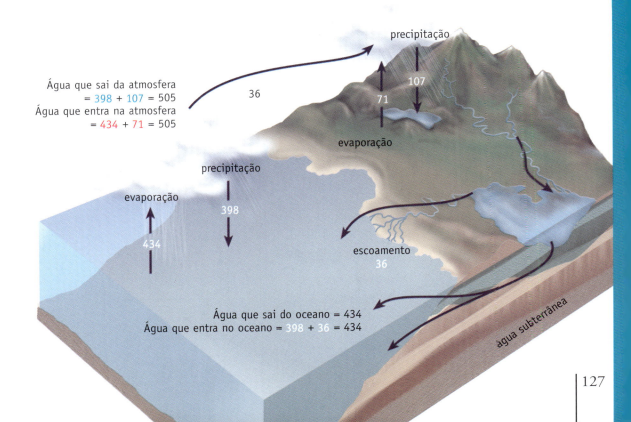

127

Outra forma de entender o ciclo da água: pense num dos nossos ancestrais que viveram na África cem mil anos atrás; ou num dinossauro que viveu há 70 milhões de anos; ou ainda, imagine um búfalo que vagava pelo meio-oeste americano muito antes da chegada dos seres humanos. Seja qual for o organismo que você levar em consideração, ele bebeu água durante toda a sua vida. Essa água estava presente em cada gole e em cada grão, peixe ou carne que ele consumia. As moléculas de água se tornaram parte do corpo desse organismo e dele voltaram para a Terra como sangue, suor, urina e vapor de água exalado.

Lar doce lar

Agora, encha um copo com água. Esse copo que você segura nas mãos hoje contém mais de dez milhões de moléculas de água que um dia passaram pelo corpo do búfalo, mais de dez milhões de moléculas que percorreram o corpo do dinossauro e mais de dez milhões de moléculas de água que estiveram em contato com nossos ancestrais africanos! A água que bebemos nos une estreitamente aos seres vivos que habitaram o planeta antes de nós, aos que nele vivem atualmente e aos que estarão aqui no futuro.

GRANDE IDÉIA

A água que bebemos nos une estreitamente aos seres vivos que habitaram o planeta antes de nós, aos que nele vivem atualmente e aos que estarão aqui no futuro.

129

A Substância Gasosa da Terra

A **atmosfera** da Terra é uma camada muito fina de ar que nos protege e sustenta. No topo de montanhas altas, quase todos nós temos problemas respiratórios porque a atmosfera é rarefeita. Quanto mais subimos, menor é a quantidade de átomos de gás na atmosfera e mais ela se assemelha ao vazio do espaço exterior.

GRANDE IDÉIA

A atmosfera é a mais sensível e mutável das esferas da Terra.

Comparada com a geosfera e com a hidrosfera, a atmosfera é a mais sensível e mutável das "esferas" da Terra. Ela pode mudar rapidamente porque, em comparação com as outras, é muito pequena. Em termos de massa, todo o sistema Terra contém um milhão de vezes mais substância sólida do que gasosa. Por isso, se uma pequena parte da substância sólida da Terra se transformar em gás e entrar no ar, ela pode afetar significativamente a atmosfera.

O nitrogênio responde por quase quatro quintos (78%) do gás da atmosfera. O oxigênio, com 21%, responde por quase todo o resto. Outros gases estão presentes em quantidades muito menores, com o dióxido de carbono contribuindo com cerca de 0,04%. Como todos sentimos, a atmosfera também contém quantidades variáveis de vapor de água, dependendo da localização e das condições climáticas num dado momento. O mesmo volume de ar quente acima de uma floresta tropical pode conter centenas de vezes mais água que o ar frio e seco sobre a Antártida.

Espero que não seja mais surpresa para você que o nitrogênio, o oxigênio e o carbono presentes na atmosfera participam do ciclo da matéria. A essa altura, provavelmente sua expectativa é que a matéria da Terra seja reutilizada sempre de novo. Tudo no planeta é composto de átomos, e esses átomos não são criados nem destruídos. Os mesmos átomos se combinam, separam e tornam a combinar-se indefinidamente.

Concentraremos agora a nossa atenção num dos ciclos mais importantes, o **ciclo do carbono**. Como todos os organismos da Terra são formas de vida de base carbono, dedicaremos atenção especial a esse ciclo. Os vegetais e os animais participam ativamente dele, permutando dióxido de carbono com a atmosfera. Atualmente, os seres humanos acrescentam à atmosfera 8 bilhões de toneladas extras de carbono, por ano, queimando combustíveis fósseis e florestas.

O Ciclo do Carbono

É mais difícil entender o ciclo do carbono do que o ciclo da água. Com o ciclo da água, falamos da mesma molécula (H_2O). Ao realizarem o ciclo da água, as moléculas de H_2O mudam de localização física e de estado físico (gasoso, líquido e sólido). No ciclo do carbono, os átomos de carbono mudam de localização e de estado físico e também alteram os átomos com que se ligam. Diferentemente do que acontece no ciclo da água, no ciclo do carbono as moléculas mudam.

O carbono está presente na atmosfera principalmente como dióxido de carbono. Na matéria viva e na matéria em decomposição, o carbono está presente como carboidratos e proteínas, onde se une com o oxigênio, com o hidrogênio e com outros elementos num grande número de diferentes substâncias químicas. No oceano, ele está presente principalmente como sais de bicarbonato (o bicarbonato é uma combinação de carbono, oxigênio e hidrogênio; podemos também encontrá-lo nos supermercados e nas prateleiras das cozinhas na forma de sal de cozinha). Com o ciclo do carbono, vemos os mesmos átomos de carbono mudando suas parcerias químicas e também sua localização e estado físicos (gasoso, líquido e sólido) à medida que passam de um reservatório para outro.

dióxido de carbono

sais de bicarbonato

proteína

GRANDE IDÉIA

No ciclo do carbono, as moléculas mudam.

Guia do dr. Art para a ciência

A ilustração do Ciclo do Carbono na página seguinte e o quadro abaixo mostram cinco grandes reservatórios de carbono na Terra. Esses reservatórios são a Atmosfera, a Biomassa, o Oceano, as Rochas Sedimentares e os Combustíveis Fósseis. Os números próximos às setas representam a taxa (em bilhões de toneladas por ano) de entrada e saída do carbono nesses reservatórios. Há alguma incerteza quanto ao valor exato desses números, mas as quantidades relativas são corretas.

RESERVATÓRIOS DE CARBONO E A ATMOSFERA				
RESERVATÓRIO	**FORMA DE CARBONO**	**QUANTIDADE DE CARBONO**	**ÍNDICE DE FLUXO COM ATMOSFERA**	**EFEITOS HUMANOS SOBRE A ATMOSFERA**
Atmosfera	Dióxido de carbono (gás)	760 gigatons*		Gases de estufa estão aumentando
Biomassa	Açúcar, Celulose, Proteína, etc. (sólido, dissolvido)	2.000 gigatons	Por ano, cerca de 110 gigatons fluem em cada direção	Queima de florestas libera cerca de 1 gigaton por ano
Rochas sedimentares	Carbonatos (sólido)	50.000.000 gigatons	Cerca de 0,05 gigatons por ano	Desprezível
Oceanos	Principalmente sais bicarbonatos dissolvidos	39.000 gigatons	Cerca de 90 gigatons por ano; atualmente o oceano está absorvendo mais do que libera	Desprezível
Combustíveis fósseis	Metano (gás), petróleo (líquido), carvão (sólido)	5.000 gigatons	Cerca de 7 gigatons/ano pela queima de óleo, carvão e metano	Cerca de 7 gigatons/ano acima da taxa natural secundária pela queima de óleo, carvão e metano

* 1 gigaton = 1 bilhão de toneladas

O modo mais fácil de entender o ciclo do carbono é observar como cada reservatório se relaciona com a atmosfera. Examinaremos como a atmosfera interage com a vida, as rochas, os oceanos e os combustíveis fósseis. A atmosfera contém 760 bilhões de toneladas de carbono (de acordo com medição feita em 2005), quase todo ele presente como dióxido de carbono. Este CO_2 compõe atualmente 0,038% da atmosfera, uma porcentagem pequena, mas essencial para a vida como a conhecemos.

A parte mais conhecida do ciclo do carbono tem relação com a vida. Os organismos que realizam a fotossíntese usam o dióxido de carbono da atmosfera

Lar doce lar

para produzir açúcar. A cada ano, a fotossíntese retira em torno de um sétimo do carbono da atmosfera. A atmosfera ainda tem carbono porque os organismos usam esse carbono para energia. Como resultado, o carbono retorna à atmosfera, novamente na forma de dióxido de carbono. Essa queima interna do carbono compensa a fotossíntese, de modo que a quantidade de carbono na atmosfera e nos organismos vivos tende a manter-se estável.

Quando consideramos a vida, em geral pensamos nos animais. No caso do ciclo do carbono, a maior parte do carbono presente nos organismos vivos está de fato nos vegetais e nos materiais em decomposição. Esse reservatório de carbono orgânico, chamado **Biomassa**, tem quase quatro vezes mais carbono que a atmosfera. O carbono está quimicamente presente na forma de moléculas orgânicas como açúcares, amidos e proteínas.

Os oceanos são um reservatório muito importante do ciclo do carbono, contendo cerca de 50 vezes mais carbono que a atmosfera. Esse carbono oceânico está presente principalmente como sal bicarbonato dissolvido. A taxa anual de entrada e saída do carbono atmosférico no oceano é semelhante à taxa de permuta com a

Ciclo do Carbono

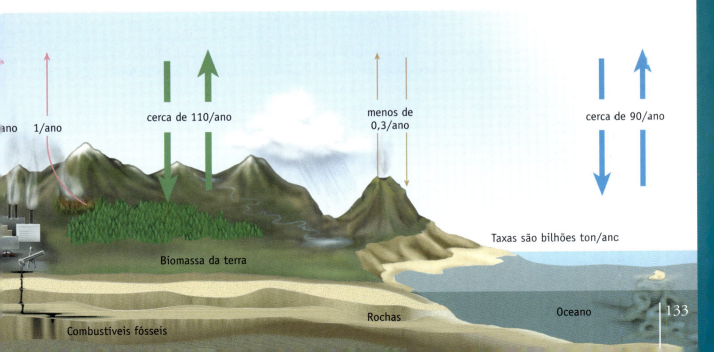

biomassa da Terra. Em outras palavras, a cada sete anos, aproximadamente, todo o carbono da atmosfera sai dela e passa a fazer parte do oceano. Do mesmo modo, a cada sete anos, aproximadamente, a mesma quantidade sai do oceano e volta para a atmosfera.

As rochas contêm a maior parte do carbono da superfície da Terra, mais de 50.000 vezes a quantidade da atmosfera. Entretanto, esse imenso estoque de carbono interage com a atmosfera a uma razão muito mais lenta. Numa direção, um processo denominado degradação retira carbono da atmosfera. Em outra direção, vulcões e outros processos devolvem o carbono do interior da Terra para a atmosfera. Vimos essa parte do ciclo do carbono quando estudamos o ciclo das rochas.

Um Sistema Fechado para a Matéria

O nosso planeta vem girando em torno do Sol há mais de quatro bilhões de anos. Durante todo esse tempo, a matéria no planeta prossegue mudando de forma. A água evapora do oceano, entra nas nuvens e cai como neve e chuva. As rochas se fragmentam em porções menores que se sedimentam nos rios. Os vegetais retiram gás dióxido de carbono da atmosfera e o transformam em açúcares e amidos sólidos. Por que toda a água do oceano não se transforma em neve na montanha, todas as rochas em sedimento, ou todo o dióxido de carbono atmosférico em açúcar?

Lar doce lar

A Terra ainda tem oceanos, montanhas e dióxido de carbono atmosférico porque tudo isso faz parte de ciclos — o ciclo da água, o ciclo das rochas e o ciclo do carbono. A água corre nos rios de volta para os mares; sedimentos profundos retornam à superfície através da ação dos vulcões; e os animais transformam quimicamente açúcares em dióxido de carbono que volta para a atmosfera.

A Terra é um planeta em constante reciclagem. Essencialmente, toda a matéria da Terra está aqui desde a formação do planeta. Nós não obtemos matéria nova; matéria antiga não se dissolve no espaço externo. A mesma matéria é sempre reutilizada. Do ponto de vista dos sistemas, dizemos que a Terra é um sistema fechado com relação à matéria. Ciclos de matéria, ciclos de matéria, ciclos de matéria.

> ## Ciclos de Matéria
> Cada um dos elementos fundamentais para a vida existe na Terra num circuito fechado de mudanças cíclicas. Do ponto de vista dos sistemas, a Terra é essencialmente um sistema fechado com relação à matéria.

PARE & PENSE

Você provavelmente adota estratégias de leitura sem nem sequer ter consciência delas. Por exemplo, aposto que há ocasiões em que você está lendo e sabe que está apenas murmurando as palavras para si mesmo, sem realmente compreender o que a frase ou o parágrafo significa. Essa percepção faz parte de uma boa estratégia de leitura. Mas você precisa fazer alguma coisa ao perceber que não compreende o que lê.

Essa autopercepção motiva bons leitores a voltar e procurar compreender o que não conseguiram assimilar numa primeira leitura. Eles podem ler a seção novamente, analisar as ilustrações, consultar uma página anterior para esclarecer alguma questão, procurar uma palavra no dicionário ou falar com alguém sobre a leitura.

Ofereço a seguir uma estratégia diferente que também o ajuda a pensar sobre o que você lê. Essa estratégia leva a ótimos resultados especialmente quando você começa um capítulo novo. Primeiro, passe os olhos por todo o capítulo, numa espécie de leitura exploratória. Detenha-se sobre o título do capítulo, os subtítulos das seções, as ilustrações e palavras em destaque. Em seguida faça um quadro como o que segue e preencha as três primeiras linhas. Durante a leitura, pense sobre o que você escreveu e sobre as coisas novas que está

O que eu sei que sei que está no capítulo.	
O que eu acho que sei que está no capítulo.	
O que eu acho que vou aprender lendo este capítulo.	
O que eu sei que aprendi lendo este capítulo.	

aprendendo. Ao terminar o capítulo, reveja o quadro e compare o que você sabe agora com o que você sabia antes de ler o capítulo. Escreva o que você sabe que aprendeu lendo o capítulo.

Vem aí o Capítulo 8, uma ocasião excelente para começar a aplicar essa estratégia de leitura.

www.guidetoscience.net

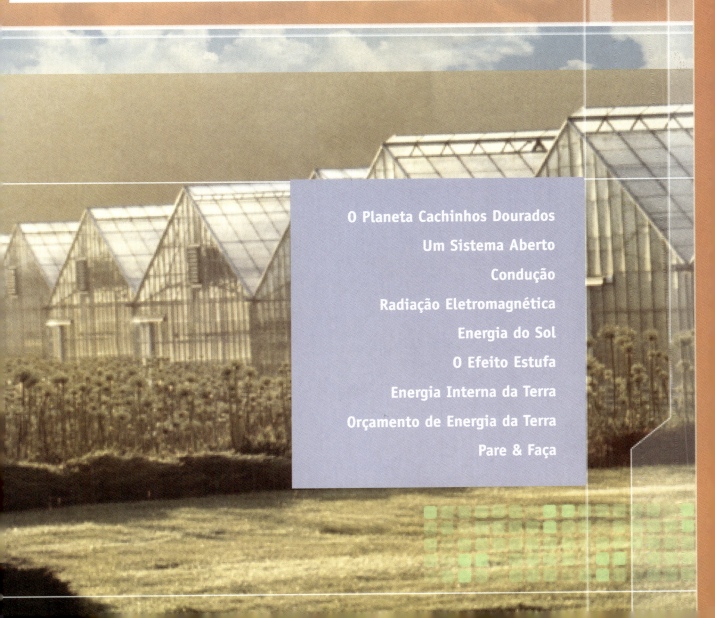

Capítulo 8

A ENERGIA NA TERRA

- O Planeta Cachinhos Dourados
- Um Sistema Aberto
- Condução
- Radiação Eletromagnética
- Energia do Sol
- O Efeito Estufa
- Energia Interna da Terra
- Orçamento de Energia da Terra
- Pare & Faça

Capítulo 8 – A Energia na Terra

O Planeta Cachinhos Dourados

Vimos no Capítulo 2 que pensar por sistemas é uma forma de compreender qualquer sistema, especialmente os mais complexos, como o da Terra. Dissemos que três perguntas nos ajudam a analisar o sistema que desperta nossa atenção. Quando estudamos a matéria da Terra, nosso ponto de referência foi principalmente a primeira pergunta: "Quais são as partes do sistema?"

Examinamos as partes sólida, líquida e gasosa da Terra e vimos que todas participam de ciclos. Concluímos que a matéria circula no planeta e que a Terra é um sistema essencialmente fechado para a matéria.

E se fizermos a mesma pergunta com relação à energia da Terra? Procurando as "partes" da energia, poderíamos correr por aí tentando medir o vento, as fontes quentes, os vulcões, as cascatas e as queimadas. Em seguida, se fizéssemos uma parada e relaxássemos na praia, perceberíamos que nos esquecemos da fonte de energia mais importante.

Ela está longe daqui, e não é uma das partes da Terra. Ela fornece ao nosso planeta 10.000 vezes mais energia do que consomem todas as nossas sociedades. Obviamente, estamos falando do Sol. Para entender a energia no sistema Terra, precisamos abordar

GRANDE IDÉIA

A Terra é um planeta solar. O Sol mantém o nosso planeta aquecido e com vida.

A energia na Terra

diferentes questões referentes aos sistemas. Em vez de tratar das partes do sistema Terra, fazemos a terceira pergunta própria dos sistemas: Como a Terra em si faz parte de sistemas maiores?

A resposta é tão simples quanto a pergunta — a Terra faz parte do sistema solar. O Sol fornece praticamente toda a energia necessária para manter nosso planeta aquecido e com vida.

Como nosso sistema solar contém muitos outros planetas, também descobrimos como é importante estar perto do Sol, mas não demais. Quando os planetas se formaram, as áreas mais próximas eram muito quentes; nenhum material tinha condições de se solidificar, com exceção das rochas. Assim, esses planetas internos (Mercúrio, Vênus, Terra e Marte) são basicamente rochosos. Por outro lado, os planetas externos (como Júpiter e Saturno) eram suficientemente frios para conservar gases como metano e amônia, e se tornaram muito grandes, constituídos principalmente de atmosferas que contêm esses e outros gases.

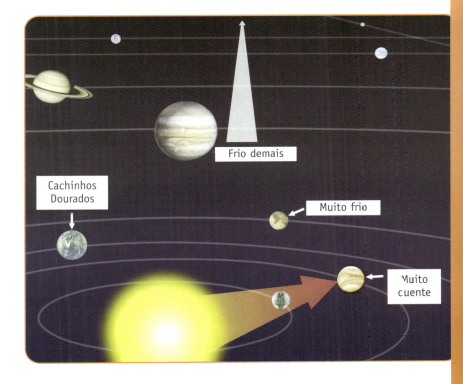

Alguns chamam o terceiro planeta a partir do Sol de planeta Cachinhos Dourados. Na história infantil *Cachinhos Dourados e os Três Ursos,* ela experimentou a cadeira que não era muito grande nem muito pequena e comeu o mingau que não estava muito quente nem muito frio. A Terra não está muito perto do Sol nem muito longe; ela não é muito quente nem muito fria. Ela simplesmente está no lugar certo.

Um Sistema Aberto

Imagine o que aconteceria se o Sol deixasse de brilhar! Cachinhos Dourados se transformaria numa terra devastada escura e supercongelada.

Esse pesadelo destaca o papel essencial da energia solar. O nosso planeta depende de uma afluência constante da energia do Sol. A Terra recebe um influxo de energia solar que é mais de 10.000 vezes a quantidade de energia consumida por todas as sociedades humanas. Esse fluxo constante da energia solar para o planeta fornece praticamente toda a energia para manter o nosso planeta quente e tornar a vida possível.

Se a Terra conservasse toda essa energia, ela se tornaria tão quente que simplesmente entraria em ebulição e evaporaria. Mas a energia não fica num só lugar. Ela se afasta da Terra na forma de calor que se irradia para o espaço externo. A quantidade de energia que sai da Terra para o espaço externo é igual à quantidade de energia que chega do Sol.

Observe a diferença entre a matéria da Terra e a energia da Terra. Com relação à matéria, a Terra é um sistema fechado. A matéria não entra nem sai. Com relação à energia, a Terra é um sistema aberto. A energia do Sol chega e a energia calorífica sai.

Fluxos de Energia

O funcionamento do nosso planeta depende de uma afluência constante de energia do Sol. Essa energia sai da Terra em forma de calor que se irradia para o espaço externo. Da perspectiva da teoria dos sistemas, a Terra é um sistema aberto com relação à energia.

A energia na Terra

Condução

Como a energia se mantém quantitativamente constante, você poderia pensar que ela não corresponde ao nome que tem, que ela é bastante monótona. A energia é, bem, energética. Ela muda muito facilmente e pode movimentar-se com rapidez de um lugar para outro.

Se aquecemos a ponta de um objeto metálico, como um prego, verificamos que a outra ponta também esquenta rápido. Quando acrescentamos energia a um objeto, a energia extra faz com que os átomos se movimentem mais rapidamente. Em alguns materiais, como os metais, os átomos em movimento rápido fazem com que os átomos próximos se movimentem mais rapidamente. Esses átomos, por sua vez, fazem com que os átomos próximos se movimentem mais rapidamente. Quanto mais rápido os átomos se movimentam, mais elevada é a temperatura. Desse modo, a energia calorífica aplicada a uma ponta de um objeto faz com que a temperatura na outra ponta aumente.

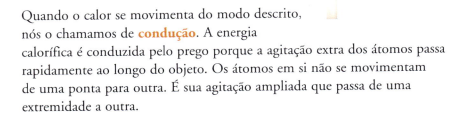

Quando o calor se movimenta do modo descrito, nós o chamamos de **condução**. A energia calorífica é conduzida pelo prego porque a agitação extra dos átomos passa rapidamente ao longo do objeto. Os átomos em si não se movimentam de uma ponta para outra. É sua agitação ampliada que passa de uma extremidade a outra.

141

Guia do dr. Art para a ciência

Radiação Eletromagnética

A energia pode se movimentar de outro modo. Você sente essa forma de movimento sempre que se expõe à luz do Sol. Nenhum átomo se desloca 150 milhões de quilômetros pelo espaço vazio para trazer a energia do Sol à Terra. Em vez disso, o calor e a luz viajam do Sol para a Terra como ondas invisíveis e muito velozes.

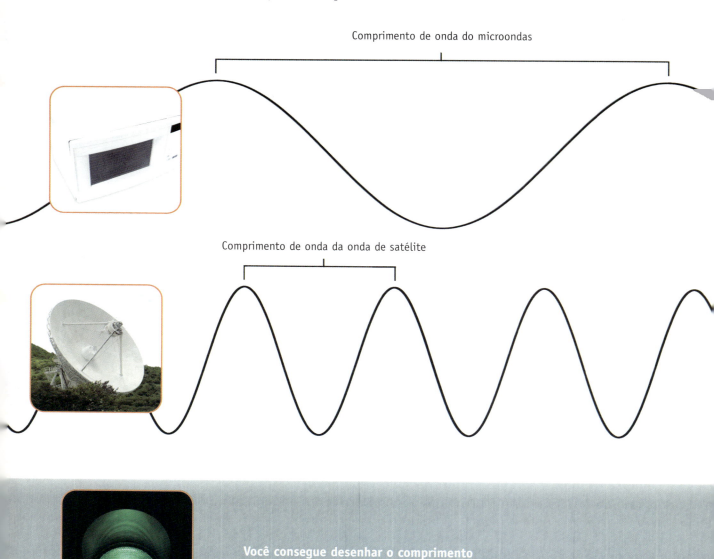

Comprimento de onda do microondas

Comprimento de onda da onda de satélite

Você consegue desenhar o comprimento de onda da luz verde?

A energia na Terra

A que velocidade essas ondas de energia calorífica e luminosa se deslocam? Aposto que você sabe a resposta. Elas viajam à velocidade da luz. Essa é a nossa velha amiga 'c' da equação de Einstein, $E = mc^2$. Em outras palavras, as ondas de luz e de calor viajam tão rápido que não encontram concorrente.

Outras formas de energia também viajam como ondas que se propagam à velocidade da luz. Entre essas temos as ondas de rádio que se deslocam através do ar desde uma estação transmissora até o rádio de casa. Temos também as microondas que circulam em nossos fornos.

O que distingue essas ondas umas das outras é o seu comprimento. Ondas de luz verde têm um comprimento de onda diferente das ondas de rádio, que por sua vez se diferenciam das microondas.

A radiação de microondas num forno tem um comprimento de onda de aproximadamente 12 cm. A página anterior mostra o formato dessa onda. Diversamente, um satélite de comunicações pode transmitir a um comprimento de onda de 4 cm, como mostra a ilustração. A luz verde tem um comprimento de onda muito mais curto, em torno de 0.00005 cm. Examinando com um microscópio eletrônico o padrão que Emiko Paul (a ilustradora deste livro) desenhou para uma onda de luz verde, você verá que ela esboçou 500.000 comprimentos de onda!

Eu procuro evitar neste livro termos científicos que poderiam soar assustadores. Bem, não estranhe, mas para explicar a energia solar e a radiação térmica preciso empregar as expressões "radiação eletromagnética" e "espectro eletromagnético".

RAIO X
O comprimento de onda varia de 10^{-9} a 10^{-6} cm

Muitas formas de energia bem conhecidas são de natureza eletromagnética. Podemos citar como exemplos a luz verde, a luz vermelha, as microondas, as ondas de rádio, a luz ultravioleta e os raios X. Os cientistas as chamam de eletromagnéticas porque elas têm propriedades elétricas e magnéticas. Outro detalhe igualmente importante é que todas elas viajam à velocidade da luz (ou seja, com a maior rapidez com que uma coisa pode se movimentar), não perdem energia durante a viagem (mesmo percorrendo distâncias imensas, como do Sol até a Terra) e se propagam como ondas.

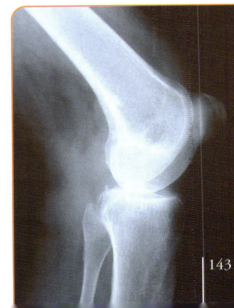

143

Guia do dr. Art para a ciência

Quando a energia se movimenta desse modo, os cientistas a chamam de **radiação eletromagnética**. Algumas dessas formas de energia têm inclusive onda ou raio no próprio nome. A série ampla desde ondas eletromagnéticas com comprimentos de onda incrivelmente diminutos até ondas eletromagnéticas bem mais longas é chamado de **espectro eletromagnético**.

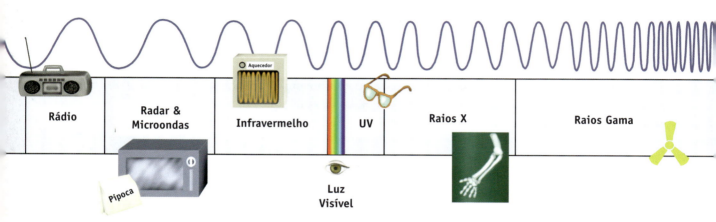

O espectro eletromagnético (que significa grande amplitude variando de uma extremidade a outra) inclui ondas eletromagnéticas que se diferenciam mais de um milhão de vezes no tamanho de seus comprimentos de onda. Um raio X pode ter um comprimento de onda mil vezes mais curto que a luz verde, a qual pode ter um comprimento de onda dez mil vezes mais curto que uma onda de rádio.

Energia do Sol

O Sol não é monótono. Ele não emite apenas um comprimento de onda. Ele irradia energia ao longo de uma faixa bastante ampla de comprimentos de onda. Você sabe disso porque já viu muitos arco-íris, exemplos naturais em que parte da luz solar se separa em diferentes comprimentos de onda. As ondas mais curtas (que vemos como cores azuis) aparecem embaixo e as ondas mais longas (cores vermelhas) aparecem no alto.

O Sol irradia aproximadamente metade de sua energia na parte visível do espectro eletromagnético. Em outras palavras, vemos metade da energia radiante do Sol variando desde comprimentos

A energia na Terra

de onda mais curtos, que vemos como violeta, até comprimentos de onda quase duas vezes mais longos, que vemos como vermelho. O Sol emite 40% de sua energia na região infravermelha (RI) (mais longa do que os comprimentos de onda vermelha que alguns animais, como a cascavel, podem ver). Ele também emite 10% de sua radiação como raios ultravioleta (UV) (mais curta do que o violeta que alguns animais, como a abelha, podem ver).

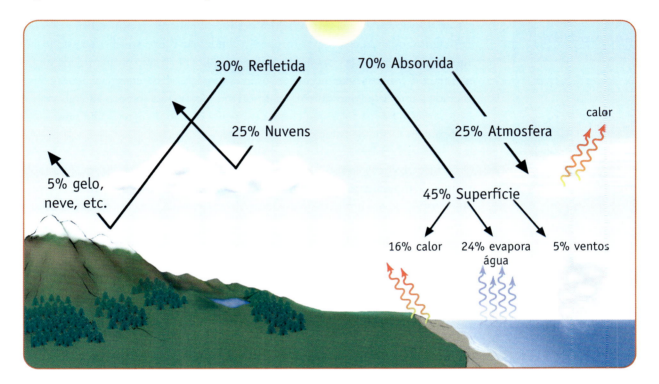

Veja o que acontece com a energia solar que chega à Terra. Cerca de 30% dela reflete-se imediatamente de volta ao espaço sideral como luz. A maior parte dessa luz ricocheteia nas nuvens e não chega à superfície. Parte dela chega à superfície mas é refletida pela neve e pela água, e também sai do sistema Terra sob a forma de luz. Fotografias da Terra tiradas do espaço captam essa luz refletida e mostram o aspecto do planeta.

Os restantes 70% da luz solar que chega à Terra são absorvidos. Como mostra a ilustração, essa absorção ocorre de várias maneiras. A maior parte é absorvida pelos materiais sólidos e pela água e é imediatamente transformada em calor. Todos sentimos esse fenômeno quando a luz solar aquece nossos corpos. O que geralmente não sentimos conscientemente é que essa energia calorífica também se

Guia do dr. Art para a ciência

irradia de nossos corpos. Qualquer material aquecido pelo Sol irradiará calor. Às vezes vemos esse calor, como nas ondas voláteis do ar sobre um asfalto quente. Finalmente, esse calor se irradia para a atmosfera e deixa o planeta, escoando para o espaço sideral.

Uma grande quantidade da energia solar evapora a água, alimentando o ciclo da água. A água absorve essa energia quando passa do estado líquido ao gasoso. O vapor de água então sai dos oceanos e penetra na atmosfera. Entretanto, quando esse vapor torna a se condensar e a reassumir seu estado líquido (chuva), esse processo de condensação libera a mesma quantidade de energia que foi absorvida no processo de evaporação. Essa energia é agora liberada como calor que vai para a atmosfera, e daí para o espaço sideral. Assim, mesmo a luz solar que chega e alimenta o ciclo da água acaba saindo da Terra em forma de calor.

O mesmo acontece com o influxo solar que é inicialmente transformado em energia de movimento do vento, das ondas e das correntes. Por exemplo, o vento sopra contra um penhasco e parte de sua energia se transforma em calor.

Enquanto a energia não se transforma em massa (ou vice-versa), sua quantidade não aumenta nem diminui. Outra característica importante é que ela muda de forma, acabando por se transformar em energia calorífica. Toda a energia solar absorvida na Terra no fim se transforma em energia calorífica que se irradia para o espaço sideral.

O calor se irradia para a atmosfera e por fim para o espaço sideral.

A energia na Terra

O Efeito Estufa

É provável que você já tenha ouvido falar do famoso efeito estufa da Terra. Agora que estudamos o espectro eletromagnético e vimos como a energia do Sol aquece o nosso planeta, estamos em condições de compreender o efeito estufa e por que ele é importante.

A luz do Sol brilha sobre a água, as rochas, o solo, a areia, as construções, estradas, nuvens e organismos. O que acontece com uma rocha ou com qualquer outro objeto quando raios de luz incidem sobre eles? A energia da luz faz com que as moléculas da rocha se movimentem mais rápido. Em outras palavras, a rocha fica mais quente. Quando alguma coisa nos dá a sensação de quente é porque suas moléculas têm mais energia e estão se movimentando mais velozmente. Quanto mais rápido o movimento das moléculas, mais alta a temperatura da rocha.

Objetos quentes se mantêm quentes? Não, eles tendem a esfriar. Lembre que a energia não fica num lugar só. Um objeto quente, como uma pedra exposta ao sol, desprende parte de sua energia na forma de raios eletromagnéticos. Esses raios são ondas infravermelhas (mais longas que o vermelho) que retiram o calor da pedra. Quando você sente o calor do fogo ou de um objeto quente que você não toca fisicamente, em geral a sensação é conseqüência dos raios caloríficos infravermelhos que o fogo ou o objeto irradiam para você.

Os raios infravermelhos de todo o planeta irradiam-se para a atmosfera. A energia começou como luz visível do Sol que passou diretamente pela atmosfera e que, ao colidir com objetos, os esquentou. Essa energia então sai dos objetos sob a forma de radiação infravermelha (RI) de comprimento de onda mais longo.

147

Diferentemente da luz visível de comprimento de onda mais curto, a radiação infravermelha não só atravessa a atmosfera. Alguns gases da atmosfera terrestre absorvem a energia calorífica irradiada. Esses gases de estufa atmosféricos (principalmente o vapor de água e o dióxido de carbono) então irradiam essa energia calorífica de modo que metade dela volta para a Terra onde é absorvida antes de ser novamente emitida para a atmosfera. A conseqüência é que a energia calorífica permanece mais tempo no sistema Terra.

O vapor de água e o dióxido de carbono são chamados de gases de estufa porque deixam passar os raios de luz, mas absorvem os raios de calor. As moléculas presentes na atmosfera em maior número (oxigênio e nitrogênio) não são gases de estufa. Elas não interagem com a luz do Sol que entra nem com o calor que sai do planeta.

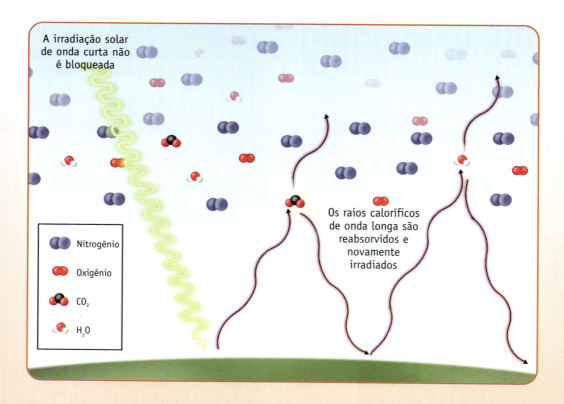

Sorte nossa a Terra ter esse efeito estufa que mantém o calor por mais tempo no sistema Terra. O resultado disso é que a Terra é aproximadamente 33 graus Celsius (60 graus Fahrenheit) mais quente do que seria se não houvesse efeito estufa. Sem

A energia na Terra

os gases de estufa na atmosfera, a temperatura média da Terra estaria bem abaixo do ponto de congelamento da água. Ela seria mais fria do que as idades do gelo que a Terra conheceu.

Energia Interna da Terra

Até agora enfatizamos a idéia de que o Sol fornece praticamente toda a energia para o planeta Terra. Essa radiação solar mantém a Terra aquecida, fortalece o vento, ativa o ciclo da água e fornece energia para quase todas as criaturas da Terra.

No capítulo anterior, estudamos um tipo diferente de energia e alguns papéis importantes que ela desempenha no sistema Terra. Vimos a África e a América do Sul se separarem e o subcontinente indiano se deslocar 6.500 quilômetros e colidir com a Ásia. Que fonte de energia fornece esse poder de movimentar continentes? Nem mesmo o Sol, nossa maior fonte de energia, move continentes.

Vulcões, terremotos, gêiseres e fontes quentes sugerem a resposta. O interior da Terra é tão quente que chega a derreter rochas e metais. Essa energia calorífica se movimenta constantemente enquanto se desloca lentamente do interior para a superfície mais fria. O material mais quente das profundezas do interior da Terra vem aos poucos à superfície e o material mais frio faz o caminho inverso. Esse esquema de fluxo de calor influencia as placas da Terra (você se lembra das placas?), e a conseqüência são terremotos, vulcões e continentes em movimento.

Na época da formação da Terra, o calor era tão intenso que o planeta inteiro consistia em rochas e metais incandescentes. Desde então ele vem esfriando, com o calor subindo à superfície e irradiando-se para o espaço sideral. Além disso, o planeta está sempre produzindo mais calor internamente, uma vez que os materiais da Terra contêm elementos radioativos que se desintegram e, nesse processo, liberam calor. O calor da desintegração radioativa e o calor remanescente da formação da Terra fornecem a energia que movimenta as placas e separa continentes ou os faz colidirem uns com os outros.

Qual o tamanho dessa fonte de energia que pode mover continentes, corroer o topo do Monte Santa Helena e criar montanhas como o Everest? O quadro abaixo compara todos os fluxos de energia da Terra. Se atribuirmos o valor 1 para a quantidade de energia que as sociedades humanas consomem, a Lua provê cerca de um quarto desse volume agindo sobre os oceanos e marés. O fluxo da energia interna da Terra é 2,5 vezes maior e o Sol fornece 10.000 vezes aquela quantidade.

COMPARAÇÃO DAS QUANTIDADES DE ENERGIA	
TIPO DE ENERGIA	QUANTIDADE RELATIVA
Sociedades Humanas	1,0
Marés	0,25
Interna	2,5
Solar	10.000

Como uma coisa que parece tão fraca pode produzir efeitos tão consideráveis? Um ditado chinês nos dá uma pista importante: "Uma jornada de mil quilômetros começa com um simples passo". O fluxo da energia interna movimenta as placas apenas alguns centímetros por ano. Entretanto, em centenas de milhões de anos, esses centímetros chegam a milhares de quilômetros.

Assim, embora a energia geotérmica interna da Terra contribua com muito pouca energia em comparação com o Sol, ela é uma parte muito importante do orçamento de energia da Terra. Tyler Volk, um cientista dos Sistemas da Terra na Universidade de Nova York, escreveu que enquanto a energia do Sol pode transformar montanhas em montículos de terra através da chuva que cai e do vento que sopra, somente a energia interna da Terra pode transformar montículos de terra em montanhas.

GRANDE IDÉIA
Somente a energia interna da Terra pode transformar montículos de terra em montanhas.

A energia na Terra

Orçamento de Energia da Terra

Podemos pensar na energia da Terra em termos de orçamento. Como num orçamento doméstico ou governamental, uma certa quantidade entra e uma certa quantidade sai num determinado período de tempo. Uma família, uma empresa ou o governo podem pedir dinheiro emprestado, o que indica que estão gastando mais do que recebem. Com a Terra não acontece isso, pois ela tem um orçamento de energia equilibrado.

A quantidade de energia que sai como calor da superfície e da atmosfera para o espaço sideral é exatamente igual à quantidade de energia que chega à superfície e à atmosfera. Como vimos, a radiação solar responde pela maior parte dessa energia. Uma quantidade muito menor, mas também muito importante, vem do interior. Naturalmente, em qualquer dado momento pode haver mais energia entrando do que saindo. Porém, no decurso de um ano, ou mais, esse fluxo se equilibra e a quantidade de energia que sai fica igual à quantidade de energia que entra.

O "orçamento da matéria" da Terra seria muito diferente. Essencialmente, nada entra e nada sai. A mesma substância é reutilizada indefinidamente. Comparando matéria e energia, dizemos que a Terra é um sistema fechado para a matéria e um sistema aberto para a energia.

151

Guia do dr. Art para a ciência

O efeito estufa acrescenta uma característica importante ao orçamento de energia da Terra. Certos gases da atmosfera (principalmente o vapor de água e o dióxido de carbono) diminuem a taxa de evasão do calor do sistema Terra. De fato, esses gases fazem com que o calor fique mais tempo no sistema Terra.

As pessoas costumam pensar erroneamente que o efeito estufa é uma coisa ruim, que é algo causado pelo homem. Há bilhões de anos, o efeito estufa da Terra vem ajudando a tornar as temperaturas do planeta mais favoráveis à vida. Ele começou muito antes que qualquer coisa semelhante ao ser humano entrasse em cena.

> A temperatura da Terra está aumentando. Tudo indica que a causa é um aumento do efeito estufa.

Ano(s)	Efeito estufa	Temperatura média da Terra
1860-1890	32ºC??	Aprox. 14,6ºC
1960-1990	32,5ºC??	Aprox. 15,1ºC
2004	33ºC??	Aprox. 15,5ºC

Entretanto, sempre podemos ter excesso de uma coisa boa. Atualmente, o homem está acrescentando gases de estufa à atmosfera. Fazendo isso, estamos alterando o orçamento de energia da Terra, fazendo com que a energia calorífica permaneça no sistema Terra mais tempo do que deveria. Examinaremos a questão da mudança climática global no último capítulo deste livro.

O motivo principal por que nos preocupamos com o orçamento de energia da Terra e com o clima do planeta é que nós e muitas outras criaturas vivemos aqui. O próximo capítulo aborda o sistema da vida sobre o planeta Terra, o sistema em que estamos incluídos.

PARE & FAÇA

Estudamos neste capítulo duas formas de movimento do calor. Se aquecemos a ponta de um prego de ferro, o lado da cabeça também esquenta por causa da condução. O movimento agitado dos átomos passa rapidamente ao longo do prego (página 141). O calor também sai de outros objetos como radiação eletromagnética (página 147). Sentimos o calor de uma pedra ou do fogo porque a radiação infravermelha sai do objeto.

Nem a condução nem a radiação envolvem as moléculas que saem levando a energia calorífica com elas. Na **convecção**, uma terceira forma de movimento do calor, as "moléculas quentes" se movimentam. A convecção acontece quando líquidos e gases esquentam. Na presença de áreas quentes, as moléculas sobem; na presença de áreas frias, as moléculas descem. A convecção estabelece um fluxo circular que transporta rapidamente o calor.

A convecção é uma forma muito importante de movimentação do calor no sistema Terra. Ela faz o calor circular no interior da Terra e tem papéis relevantes na tectônica de placas. A convecção movimenta o calor na atmosfera da Terra e é fundamental para a definição do tempo atmosférico e do clima.

Você pode visualizar a convecção usando corantes alimentares e água. Coloque um pirex sobre a base de três copos. Despeje água no pirex, formando uma lâmina de cinco centímetros. Introduza um quarto copo cheio de água à temperatura ambiente embaixo do pirex, no centro.

Com cuidado, pingue uma gota de corante alimentar no centro do pirex. Observe como ela se espalha. Depois de alguns minutos, mexa a água e deixe decantar.

Continua na página seguinte...

www.guidetoscience.net

PARE & FAÇA
CONTINUAÇÃO

Isso não é convecção, mas o controle. Em seguida, COM MUITO CUIDADO, substitua o copo do centro por outro copo cheio de água bem quente. Pingue uma gota de corante no centro do pirex. Observe como ela se movimenta. Mexa, deixe decantar. Pingue outra gota num ponto intermediário entre o centro e a borda do pirex. Observe como ela se movimenta.

Faça experimentos com diferentes temperaturas e pontos de colocação do corante. Observe padrões do corante movimentando-se para cima, para baixo e horizontalmente. O Capítulo 8 do website guidetoscience traz mais informações sobre convecção.

Esta atividade é um resumo do texto que se encontra no manual do professor Great Explorations in Math and Science (GEMS) com o título *Convection: A Current Event*, © 1988 by the Regents of the University of California, e usado com permissão.

www.guidetoscience.net

A VIDA NA TERRA

Capítulo 9

- Um Sistema em Rede
- Quem Está na Rede?
- A Respiração da Vida
- Ecossistemas
- Como os Ecossistemas Mudam?
- Pare & Pense

Capítulo 9 —
A Vida na Terra

Um Sistema em Rede

Bem no início deste livro, nos dois primeiros capítulos, estudamos a fotossíntese. Agora, mais de 100 páginas depois, não tenho dúvidas de que você lembra que os vegetais retiram energia do Sol e dióxido de carbono do ar para produzir açúcar. Nesse processo, eles também liberam oxigênio para a atmosfera.

Praticamente todos os organismos da Terra dependem da fotossíntese. Eles utilizam os açúcares como combustível e como material para formar as partes de seus corpos. Muitos deles precisam respirar o oxigênio do ar.

Os organismos que realizam a fotossíntese dependem de que outros organismos devolvam o carbono para a atmosfera como dióxido de carbono, que eles podem reutilizar na fotossíntese. Muitas vezes os vegetais também dependem de animais para a polinização e dispersão de sementes. Além disso, contam com pequenas criaturas que vivem na terra para produzir solos férteis com materiais em decomposição.

A Terra é o único planeta do sistema solar a abrigar a vida.

A vida na Terra

Desses e de inúmeros outros modos, os organismos da Terra formam uma vasta rede de interconexões, em que cada um depende e afeta significativamente muitos outros. Os organismos não apenas formam uma rede interligada, mas também participam ativamente dos ciclos da matéria e dos fluxos de energia da Terra. Na linguagem dos sistemas, dizemos que a Terra é um sistema em rede, ou uma teia, com relação à vida.

Nós, seres humanos, dependemos da teia da vida para o ar que respiramos e para o alimento que consumimos. Como aumentamos em número exponencialmente e nossas tecnologias alteraram praticamente todas as regiões do globo, nós nos tornamos uma parte muito importante dessa teia da vida.

Até onde sabemos, a Terra é única no sistema solar enquanto planeta de vida. Seres vivos habitam a Terra há quase quatro bilhões de anos. A vida se tornou um fator tão essencial ao nosso planeta que, sem vida, a Terra simplesmente não seria Terra.

> Uma extensa e intrincada teia de relacionamentos une todos os organismos da Terra uns aos outros e aos ciclos da matéria e fluxos de energia.
> Do ponto de vista dos sistemas, a Terra é um sistema em rede, ou uma teia, com relação à vida.

157

Guia do dr. Art para a ciência

Quem Está na Rede?

Quando pesquisamos a matéria da Terra, fizemos a primeira pergunta relacionada aos sistemas: "Quais são as partes do sistema?" Ao estudar a energia da Terra, concentramo-nos na terceira pergunta referente aos sistemas: "Como o sistema em si faz parte de sistemas maiores?" Na análise do sistema da vida na Terra, voltamo-nos para a segunda pergunta dos sistemas: "Como o sistema funciona no seu conjunto?" O que é a teia da vida e como ela trabalha?

Existem na Terra quatro tipos de substâncias: sólida, líquida, gasosa e viva. Em comparação com a matéria viva da Terra, há quatro mil vezes mais gás, um milhão de vezes mais líquido e quatro bilhões de vezes mais material sólido. Entretanto, apesar de sua pouca quantidade, a vida desempenha funções muito importantes em nosso planeta.

GRANDE IDÉIA

Conhecemos melhor o número de átomos no universo do que o de espécies em nosso planeta.

Com relação à massa, quase toda a substância viva da Terra existe na forma de matéria vegetal. Toda a vida animal corresponde a apenas 1% da **biomassa** terrestre. As árvores e a matéria vegetal em decomposição respondem por quase toda a massa da substância viva da Terra.

Quanto mais perto do equador, maior é a quantidade de árvores. O clima é melhor para as árvores e há muito mais terra perto do equador do que dos pólos. Como resultado, as florestas tropicais representam cerca de 40% da biomassa total da Terra. Essa é uma das razões por que um número cada vez maior de pessoas se preocupa com a enorme devastação e destruição das florestas tropicais. Se queimássemos todas as árvores do planeta, esse ato duplicaria a quantidade de carbono na atmosfera.

Outra forma importante de compreender a vida na Terra é analisar, em vez de sua massa, as espécies de organismos que vivem nela. A palavra **biodiversidade** se refere ao número e às espécies de diferentes

A vida na Terra

organismos. Sabemos muito pouco sobre a biodiversidade da Terra. Temos uma estimativa científica mais exata do número de átomos no universo do que do número de diferentes espécies em nosso planeta.

Atualmente, os cientistas identificaram e classificaram cerca de 1.500.000 espécies diferentes de organismos. As estimativas do número total variam de 5 milhões a 30 milhões, ou até mais. Tudo o que sabemos sobre a maior parte das 1.500.000 espécies descritas se refere à sua aparência e ao lugar onde uns poucos espécimes foram coletados.

Onde está a biodiversidade? Também nesse aspecto as florestas tropicais desempenham um papel da maior relevância. O biólogo E. O. Wilson encontrou a mesma diversidade de formigas numa única árvore no Peru que a que existe em todas as Ilhas Britânicas. Uma área na Indonésia, com um total aproximado de 25 acres, continha tantas espécies de árvores quantas são as espécies nativas em toda a América do Norte. Em 1875, um naturalista descreveu 700 espécies de borboletas no trecho de apenas uma hora de caminhada desde uma aldeia ribeirinha do rio Amazonas; toda a Europa tem apenas 321 espécies diferentes de borboletas.

Infelizmente, estamos perdendo grande parte dessa biodiversidade. Todos os anos, o aumento das populações e o desenvolvimento econômico destroem extensas áreas de florestas virgens. Essa riqueza de biodiversidade pode desaparecer antes mesmo de sabermos o que perdemos para sempre.

159

Guia do dr. Art para a ciência

A Respiração da Vida

A atmosfera original da Terra não tinha oxigênio. O oxigênio começou a aparecer na atmosfera por meio da fotossíntese.

Durante quase toda a história da Terra, as bactérias eram os únicos organismos que viviam no planeta. Elas inventaram a fotossíntese como uma forma de capturar a energia da luz do Sol e de armazenar essa energia em forma química como açúcares. Como você sabe, essa fotossíntese também envia oxigênio para a atmosfera.

Na fotossíntese, o oxigênio é na verdade um subproduto. Açúcares são carboidratos, o que significa que eles têm carbono, hidrogênio e oxigênio (o sufixo "ato" representa o oxigênio). O dióxido de carbono fornece carbono e oxigênio aos carboidratos. O hidrogênio vem da água.

Quando a fotossíntese usa o hidrogênio da água, o oxigênio das moléculas da água é liberado na atmosfera.

Os organismos que realizam a fotossíntese absorvem dióxido de carbono da atmosfera e enviam oxigênio para o ar. Assim, significará isso que todo o dióxido de carbono deve desaparecer da atmosfera e o oxigênio deve continuar aumentando?

De maneira nenhuma. Para conseguir energia, os organismos (vegetais, animais e fungos) queimam internamente os açúcares, voltando a transformá-los em dióxido de carbono. Essa reação, o oposto da fotossíntese, é chamada de **respiração**.

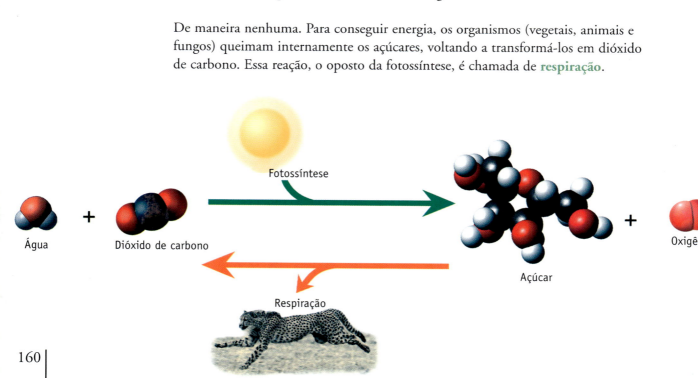

160

A vida na Terra

Os organismos combinam açúcares com o oxigênio para formar dióxido de carbono e água. Queimando o açúcar, eles liberam a energia química armazenada para seus processos vitais.

Embora não tenhamos usado a palavra, encontramos a respiração na ilustração do ciclo do carbono no Capítulo 7 (página 133). Essa ilustração mostra duas setas ligando a Biomassa da Terra com a Atmosfera. A seta que aponta para baixo representa a fotossíntese — plantas e árvores absorvendo mais de 100 bilhões de toneladas de carbono da atmosfera anualmente e transformando-o em açúcares. A seta que aponta para cima representa a respiração — essas plantas, decompositores e animais queimando internamente esse carbono de açúcar e voltando a transformá-lo em dióxido de carbono.

Ecossistemas

Analisamos a teia da vida da Terra em termos do número e das espécies de seres vivos. Entretanto, falta-nos ainda uma parte muito importante para compreender a vida na Terra. Como ela está organizada?

O dr. Art está exultante em anunciar que empregamos a palavra sistema para descrever como os seres vivos se organizam em diferentes lugares. O termo científico **ecossistema** descreve os organismos que vivem num lugar em particular, suas relações uns com os outros e suas interações com o meio ambiente físico em que se inserem. Espero que você conheça alguns ecossistemas, como um lago, um prado, um riacho, uma floresta, uma poça residual de maré, um recife de corais ou um deserto.

GRANDE IDÉIA

Todos os diferentes ecossistemas têm um padrão de organização semelhante.

Todos os diferentes ecossistemas têm um padrão de organização semelhante. Todos eles precisam de uma fonte de energia e de um conjunto de organismos que absorvam essa energia e a armazenem em forma química. Quem fornece energia para a maior parte dos ecossistemas é o Sol. A vida vegetal, desde as algas microscópicas até as altas sequóias, absorve a energia da luz solar e a armazena como energia química em moléculas de açúcar.

161

Guia do dr. Art para a ciência

Os organismos de um ecossistema que capturam a energia são chamados de **produtores** (assinalados abaixo com P). Todos os demais organismos são chamados de **consumidores** porque dependem direta ou indiretamente dos produtores para obter alimento.

Os animais são consumidores, quer se alimentem de vegetais (H, herbívoros) ou de outros animais (C, carnívoros). Alguns animais, como os ursos e os seres humanos, comem tanto vegetais como animais. Além dos produtores e dos consumidores, um terceiro grupo de organismos chamados **decompositores** (D) decompõem vegetais e animais mortos.

A vida na Terra

Os ecossistemas, como outros sistemas, podem ser descritos ou pesquisados em diferentes níveis. Existem ecossistemas dentro de ecossistemas dentro de ecossistemas. Um ecossistema prado inclui plantas, insetos, esquilos, cobras, cervos, fungos e bactérias. A floresta em que o prado se localiza é outro ecossistema. Um ecossistema ainda maior seria uma montanha contendo a floresta, o prado e talvez até um lago. A teia da vida da Terra é a soma total de todos os ecossistemas da Terra.

Em qualquer ecossistema, os produtores, os consumidores e os decompositores estabelecem uma rede de relações de alimentação chamada de cadeia alimentar. O mesmo material é usado indefinidamente enquanto um organismo se alimenta de outro e todos voltam a se decompor no solo. A reciclagem é o modo de vida do ecossistema.

GRANDE IDÉIA

Reciclagem é o modo de vida do ecossistema.

A análise do fluxo de energia que passa pelo ecossistema oferece outra perspectiva de sua organização. Os organismos com o fluxo de energia total mais elevada são os produtores. Toda a energia biológica que flui pelos organismos do ecossistema deve primeiro ser absorvida por esses produtores. No decorrer da vida e da reprodução, parte dessa energia vai para a atmosfera como calor. Os herbívoros (vacas, ovelhas, esquilos, etc.) que comem os produtores gastam muita energia para manter a temperatura de seus corpos, para se acasalar, comer e se proteger. Essa energia finalmente vai para a atmosfera como calor. Por isso, existe menos energia biológica disponível para sustentar os carnívoros (cobras, corujas, leões, pessoas) que consomem os herbívoros.

Um dos resultados é que um ecossistema tipicamente terrestre terá de cinco a dez vezes mais biomassa na vida vegetal do que nos herbívoros. Ele também sustentará de cinco a dez vezes mais a biomassa dos herbívoros do que dos carnívoros. Esse aspecto é muitas vezes representado como uma pirâmide em que os produtores constituem a base mais ampla do ecossistema, os herbívoros representam o meio, mais estreito, e os carnívoros formam o topo, de dimensões bem menores.

Como os Ecossistemas Mudam?

Visualize novamente o ecossistema floresta/prado representado nas páginas anteriores. Imagine que uma doença nova extermine todos os coelhos. Como esse evento afetaria a população de ratos?

A quantidade de ratos aumentaria, pois haveria mais alimento para eles. Por outro lado, os gaviões e as raposas comeriam mais ratos, em lugar dos coelhos, seu alimento mais comum. Isso causaria uma redução na população de ratos.

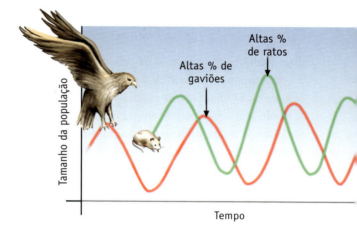

É freqüente a ocorrência desse tipo de pergunta quando estudamos um sistema. O que acontece quando uma das partes muda? Como as partes se relacionam e influenciam umas às outras?

Em geral, as partes de um sistema se relacionam e influenciam mutuamente de duas maneiras diferentes, denominadas ciclos de reação de equilíbrio e ciclos de reação de reforço.

Um **ciclo de reação de equilíbrio** — surpresa! — tende a manter as coisas em equilíbrio. Predadores e presas existem num ciclo de reação de equilíbrio. Se uma população de ratos aumenta, os gaviões tendem a se tornar mais numerosos porque têm mais ratos para comer. O aumento dos gaviões então reduz a população de ratos, equilibrando assim o aumento inicial desse animal. Observe no gráfico acima como as mudanças numa população produzem mudanças na outra população.

A vida na Terra

Os ciclos de reação de equilíbrio são muito comuns. Um termostato é um exemplo de um ciclo de reação de equilíbrio. Quando a temperatura diminui muito numa sala, um dispositivo aciona o termostato que liga o aquecedor. No momento em que a temperatura volta ao normal, o termostato desliga o aquecedor. A temperatura da sala permanece em equilíbrio, variando apenas alguns graus acima e abaixo da temperatura programada.

Com um **ciclo de reação de reforço**, uma mudança numa direção produz mais mudança na mesma direção. Dez coelhos são levados a um novo continente onde encontram alimento em abundância e não existem predadores naturais. Em média, cada coelho procria dez filhotes, de modo que a população aumenta rapidamente para 110. Cada um desses 110 reproduz dez novos coelhos: 110 + 1.100 = 1.210. Esse ciclo de reação de reforço (mais coelhos procriam mais filhotes que dão origem a mais coelhos que procriam mais filhotes) resulta rapidamente numa explosão populacional com milhões de coelhos "reproduzindo-se como coelhos" em toda a Austrália.

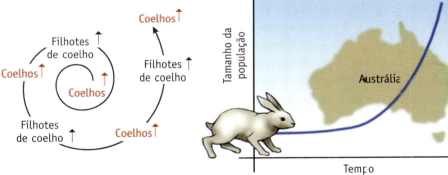

O som agudo e irritante de um microfone é outro exemplo de um ciclo de reação de reforço. O microfone capta um pequeno som e o dirige para o amplificador; este aumenta o som ainda mais e o retransmite através dos alto-falantes. O microfone "ouve" o som ampliado e o reenvia ao amplificador, que transmite o som ainda mais intensificado através dos alto-falantes. Esse ciclo repetitivo de reação de reforço produz um som estridente e muito irritante no microfone.

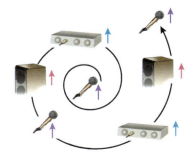

165

Sistemas complexos como os ecossistemas são constituídos de muitas partes interligadas. Uma mudança numa parte causará mudanças em outras. Algumas mudanças levam ao equilíbrio; outras são reforçadas. Todas essas influências interagem entre si, fazendo com que o sistema como um todo mude, às vezes de formas inesperadas. Você provavelmente já passou por situações em que ações simples levaram a resultados imprevisíveis.

O "lançamento de gatos com pára-quedas em Bornéu" é um exemplo famoso. A Organização Mundial de Saúde (OMS) pulverizou o inseticida DDT em Bornéu na década de 1950 para combater a malária, uma doença disseminada por mosquitos. As pessoas moravam em casas com telhados de palha. De repente, os telhados começaram a desabar.

Além de matar os mosquitos, o DDT havia dizimado as vespas parasitas que caçavam as lagartas que se alimentavam do material do telhado. Sem as vespas, as lagartas se multiplicaram fora de controle e destruíram os telhados. Os gecos, uma lagartixa da região, também morriam porque consumiam insetos envenenados com DDT. Os gecos que agonizavam eram apanhados e comidos por gatos domésticos que acabavam morrendo por causa do DDT.

A morte dos gatos provocou um aumento da população de ratos, o que ameaçava a explosão de um

A vida na Terra

surto de peste bubônica. A OMS, então, numa tentativa de controlar o excesso de ratos, lançou em Bornéu gatos de pára-quedas.

É evidente que os técnicos não tinham essa idéia em mente quando aplicaram o DDT.

Parece que continuamos precisando aprender essa lição sobre a teia da vida. Todas as partes estão interligadas através de ciclos de reação. Quando alteramos a teia da vida, é difícil prever as conseqüências. Inesperadamente, telhados podem ruir...

... e ratos podem se multiplicar fora de controle.

Como não queremos que isso aconteça, vamos aprender alguma coisa mais sobre a ciência da vida no próximo capítulo.

167

PARE & PENSE

PAFT (adaptação de RAFT: *role, audience, format, topic*), uma das minhas estratégias de estudo preferidas, inclui leitura e escrita. Depois de ler uma seção ou um capítulo, imagine uma maneira de explicar as idéias principais por escrito e numa forma interessante, como uma canção, uma carta, um comercial, um poema ou um conto.

PAFT remete a papel, audiência, formato e tópico. Eu preferiria usar a sigla TPAF, porque devemos começar com o tópico. Quais são as idéias principais que assimilamos? Conhecendo essas idéias, passamos a desenvolver um modo criativo de expressá-las para outras pessoas.

Querendo aplicar um PAFT depois de ler sobre fotossíntese, faríamos uma relação das idéias principais. Em seguida precisamos escolher o papel do apresentador, a audiência que participará da apresentação e a forma. A Tabela a seguir apresenta alguns exemplos.

Papel	Audiência	Formato
Raio de luz como agente de viagens	Outros raios de luz	Comercial de aventura
Planta	Raios de luz	Canção romântica
Molécula de dióxido de carbono sobre as mudanças iminentes	Ela mesma	Discurso de Shakespeare
Molécula de açúcar	Barra de chocolate	Um *rap* sobre sua origem

Pode ser aborrecido você fazer isso sozinho. É melhor realizar o exercício em grupo. Tente praticar com o capítulo que você acabou de ler. Se houver muitas pessoas, designe uma delas ou um grupo para fazer um PAFT para cada uma das cinco seções do capítulo. Se houver pessoas suficientes para seis grupos, divida a seção "Como os Ecossistemas Mudam?" em duas partes, uma para ciclos de reação e outra para os gatos de Bornéu. Desenvolva seus PAFT e em seguida apresente-os para todo o grupo.

Como essa atividade demonstra, ler pode ser uma experiência social. Muitos acham que a leitura é uma atividade individual. Como mostra PAFT, podemos divertir-nos e aprender mais dividindo nossas experiências de leitura com outros.

www.guidetosciente.net

Capítulo 10

QUEM SOMOS?

O que é a Vida?

Uma Visão Sistêmica da Vida

Células

Grandes Moléculas

Proteínas

DNA

A Vida na Terra é Bilíngüe e Tem um Código

Pare & Pense

Capítulo 10 – Quem Somos?

O filósofo grego Sócrates ensinava: "Conhece-te a ti mesmo".

O que é a Vida?

Nos capítulos precedentes, estudamos a matéria, a energia, as forças, o universo e o belo planeta que é nosso lar. Agora voltamos nossa atenção para nós mesmos, seres humanos, reapresentando uma pergunta que viemos nos fazendo ao longo de toda nossa história: Quem somos nós?

A resposta mais simples a essa pergunta é: Somos terráqueos, uma forma de vida que faz parte da teia da vida da Terra. Mas o que significa ser "uma forma de vida"?

Imagine as seguintes coisas:
Um lago — Um prédio — Um pinheiro — Uma rocha
Martin Luther King, Jr. — Uma formiga — Você mesmo — O Sol
A Via Láctea — Cristais suspensos numa caverna

A grande maioria das pessoas concordaria que árvores, formigas e seres humanos são seres vivos. Por outro lado, praticamente todos diriam que um lago, um prédio, uma rocha, o Sol, cristais numa caverna, Martin Luther King e a Via Láctea não são seres vivos. No entanto, apesar de geralmente podermos classificar objetos em "vivos" e "não-vivos", é espantosamente difícil dar uma definição simples da vida.

Quem somos?

Tome o exemplo de cristais suspensos numa caverna. Como nós, eles se desenvolvem e mudam enquanto permutam matéria e energia com seu meio ambiente. Um cristal não-vivo inclusive parece reproduzir-se, fazendo cópias precisas de si mesmo. Numa caverna, por exemplo, peças diminutas de cristal se quebram, prendem-se em novos locais e aí crescem para se tornar cristais grandes.

Ou imagine uma estrela. Pelo nosso modelo do tempo, não consideramos as estrelas seres vivos. No entanto, aprendemos no Capítulo 6 que as estrelas "nascem" quando hidrogênio em quantidade suficiente se acumula para desencadear uma fusão nuclear. A estrela então tem um "ciclo de vida" durante o qual ela muda de tamanho à medida que permuta matéria e energia com seu ambiente. Em algum ponto nesse ciclo, ela pode explodir ("morrer"), ejetando matéria que finalmente pode tomar forma novamente no nascimento de novas estrelas ou planetas.

Assim, é difícil definir a vida de um modo simples que inclua organismos vivos (como formigas, árvores e seres humanos) e que exclua cristais, estrelas e organismos mortos. Tivemos questões semelhantes ao definir as palavras "elementos" e "energia". Em casos como esses, definições podem produzir mais problemas do que soluções. Prefiro discorrer sobre o tema e deixar que a nossa compreensão se desenvolva com base nessas reflexões. Talvez jamais cheguemos a uma definição, mas saberemos sobre o que estamos falando.

Uma Visão Sistêmica da Vida

Para avançar na compreensão da vida, vamos concentrar a atenção nos organismos que todos classificamos como vivos. O que torna árvores, formigas, bactérias e seres humanos diferentes das coisas não-vivas?

O que torna árvores, formigas e seres humanos diferentes das coisas não-vivas?

171

Guia do dr. Art para a ciência

O vitalismo, uma das teorias originais que tentaram explicar a natureza da vida, afirmava que as coisas vivas são feitas de substância especial em comparação com coisas não-vivas. Essa teoria foi refutada. A verdade é que as coisas vivas são constituídas dos mesmos átomos que as não-vivas. De fato, os organismos consistem principalmente em apenas seis diferentes átomos (carbono, hidrogênio, nitrogênio, oxigênio, fósforo e enxofre). Um átomo de carbono em qualquer um de nós é idêntico a um átomo de carbono no ar, numa pedra ou no fermento. Mais, em nossos laboratórios, podemos usar substâncias químicas não-vivas que conservamos em garrafas numa prateleira para fabricar as moléculas que encontramos em coisas vivas.

O maior erro do vitalismo é ele afirmar erroneamente que deve haver algum ingrediente especial que é ele próprio vivo ou que de algum modo transforma uma porção de substância não-viva em seres vivos. No lugar do vitalismo, temos hoje uma visão sistêmica da vida. Essa visão ensina que nenhuma parte individual de um organismo faz com que ele seja vivo. Antes, o sistema como um todo (como uma árvore, uma formiga ou um ser humano) tem uma propriedade chamada vida, que suas partes químicas não têm individualmente.

Agora temos uma visão sistêmica da vida.

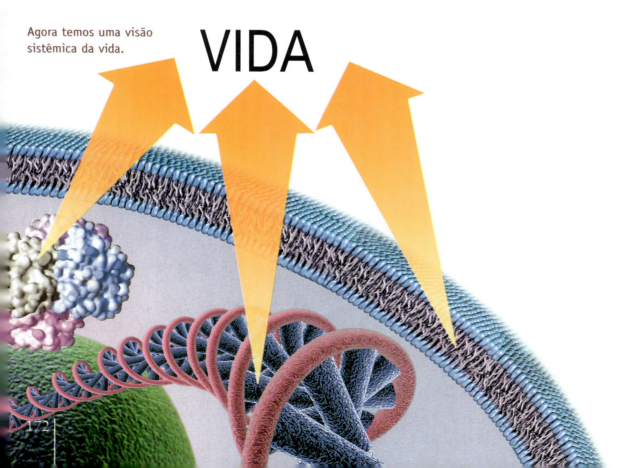

Quem somos?

Ao analisar a vida, voltamos à Idéia Extraordinária dos Sistemas que encontramos pela primeira vez no Capítulo 2. Sistemas são feitos de partes, mas eles têm propriedades que são qualitativamente diferentes das propriedades das partes ("Dois Mais Dois Igual a Hip-Hop"). A qualidade de ser vivo é uma propriedade do sistema. Ela deriva dos modos como as partes funcionam juntas. A vida é uma propriedade qualitativamente diferente que pertence ao sistema como um todo.

Células

Todos os seres vivos da Terra são constituídos de uma única **célula** ou de muitas células que trabalham juntas. Do mesmo modo que podemos considerar o átomo como o tijolo da matéria da Terra, assim podemos ver a célula como o tijolo dos organismos da Terra. Tudo o que vive na Terra hoje é um ser unicelular (como uma bactéria ou uma ameba) ou um organismo multicelular constituído de muitas células reunidas.[1]

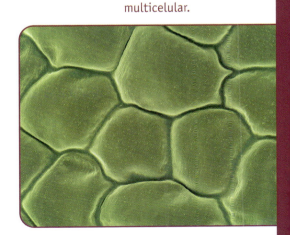

Um organismo unicelular chamado paramécio.

A superfície de uma flor ampliada milhares de vezes revela que ela é multicelular.

Os organismos unicelulares são as formas mais simples de vida na Terra. Eles têm partes que trabalham juntas, resultando daí que a célula é um sistema vivo. Uma das partes mais importantes é a membrana celular, uma parede flexível que separa o interior da célula do resto do ambiente.

---

1. Os vírus podem ser considerados a exceção que confirma a regra. Embora não sejam células, eles precisam de células para desenvolver-se e reproduzir-se.

173

Embora as células tenham essas paredes externas, elas não são isoladas do ambiente. Para viver e crescer, elas absorvem matéria e energia, e também liberam matéria e energia. Por exemplo, as células absorvem alimento do ambiente e expelem materiais residuais.

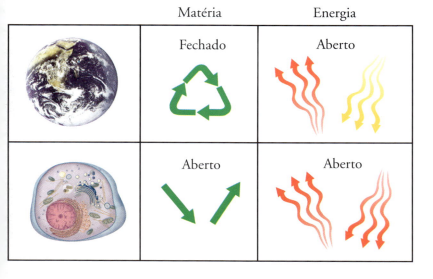

Nos capítulos anteriores, analisamos o planeta Terra como um sistema com relação à matéria, à energia e à vida. Diferentemente da Terra, que é essencialmente um sistema fechado para a matéria, as células são um sistema aberto para a matéria. Tanto a Terra como as células são sistemas abertos para a energia. A energia entra e sai.

Como o planeta Terra, as células são também sistemas em rede com relação à vida. As células interagem umas com as outras e se influenciam mutuamente. Um dos modos de interconexão mais importantes entre as células ocorre quando elas cooperam tão intimamente entre si que passam a integrar o mesmo organismo. Vegetais e animais são **organismos multicelulares**, cada um consistindo numa comunidade de células que trabalham juntas.

Cada um de nós consiste em mais de 200 diferentes tipos de células e num total de aproximadamente cem trilhões de células (100.000.000.000.000). Essas células trabalham juntas, renunciando à sua própria programação individual. Uma das doenças que mais nos assustam é o câncer, que ocorre quando uma célula deixa de cooperar com o todo e começa a multiplicar-se descontroladamente.

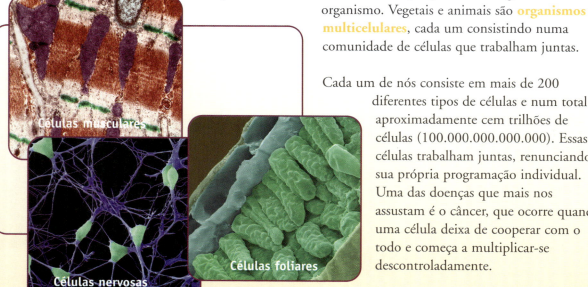

Quem somos?

As células cancerosas quebram o acordo cooperativo multicelular. Elas se multiplicam em quantidade e invadem partes do corpo onde são estranhas. Infelizmente, essa traição freqüentemente resulta em doença grave e inclusive na morte do organismo.

Podemos agora responder à pergunta Quem Somos dizendo, "Somos terráqueos, organismos multicelulares que fazem parte da teia da vida da Terra". Somos feitos de muitos diferentes tipos de células que trabalham juntas. Esses diferentes tipos de células formam os nossos órgãos, como o coração, o estômago, o intestino delgado, o pâncreas, o intestino grosso e o cérebro. Diferentes órgãos trabalham juntos nos sistemas do corpo, como o sistema circulatório e o sistema digestivo. Os sistemas do corpo se combinam para constituir um organismo completo. E aqui estamos nós.

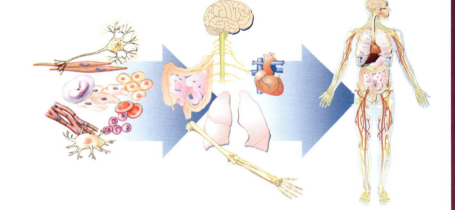

Grandes Moléculas

Fiz meu doutorado numa área da ciência chamada bioquímica. O prefixo "bio" significa vida; os bioquímicos estudam as moléculas nos organismos vivos. Os químicos já haviam descoberto que os organismos vivos têm os mesmos átomos que as coisas não-vivas. Mas o que dizer das moléculas que são constituídas desses átomos?

No início, os cientistas achavam que os organismos talvez tivessem moléculas especiais que só poderiam converter-se em plantas e animais vivos. Por exemplo, os detritos da urina contêm uma molécula chamada uréia que ocorre somente em organismos vivos. Mas, em 1828, um químico alemão usou substâncias de laboratório para fabricar uréia pura. Ele se empolgou tanto, que saiu pelas ruas gritando, "Eureca! Uréia! Eureca! Uréia!"

Daí em diante, os bioquímicos continuaram purificando e identificando diferentes moléculas em bactérias, vegetais e animais. Eles descobriram um grande número de moléculas de tamanho médio, como açúcares e aminoácidos. Essas moléculas de tamanho médio geralmente são compostas de 10 a 50 átomos ligados uns aos outros. A uréia é uma das menores, com oito átomos interligados (um de carbono,

Guia do dr. Art para a ciência

GRANDE IDÉIA

Podemos produzir as substâncias químicas encontradas em sistemas vivos.

um de oxigênio, dois de nitrogênio e quatro de hidrogênio). Como havia acontecido com a uréia, os bioquímicos podiam produzir a maioria dessas moléculas com bastante facilidade em seus laboratórios.

O elemento carbono exerce um papel muito importante em todas essas moléculas. Ele tem a capacidade peculiar de se combinar com ele mesmo, formando longas cadeias e estruturas fechadas, como pentágonos e hexágonos. Nenhum outro átomo sequer se aproxima do carbono nessa capacidade de produzir moléculas longas e de formas interessantes. Comparados com o carbono, os outros 91 elementos são extremamente limitados em suas combinações. Dada a capacidade singular do carbono de formar moléculas longas e multiformes, os cientistas supõem que todos os seres vivos em nosso universo devem, como nós, basear-se no carbono.

Embora alcançassem grande sucesso na identificação e produção de moléculas de tamanho médio encontradas em vegetais e animais, os primeiros bioquímicos descobriram algumas moléculas enormes contendo carbono que superaram suas capacidades científicas. Essas moléculas enormes tinham em sua composição os seis tipos normais de átomos — carbono, oxigênio, nitrogênio, hidrogênio, fósforo e enxofre. Entretanto, uma única molécula tinha milhares e mesmo milhões desses átomos interligados. Durante muitas

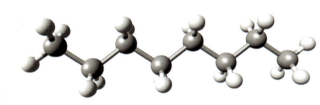

176

Quem somos?

décadas, os bioquímicos continuaram aturdidos tentando compreender essas moléculas. Eles nem sequer sonhavam em produzi-las em laboratório.
Hoje sabemos com que essas moléculas enormes se parecem e podemos produzi-las em nossos laboratórios. Num nível bem prático, nosso sucesso em compreender essas moléculas enormes da vida constitui a base da medicina moderna.

Nas páginas seguintes, estudaremos os dois tipos mais importantes dessas grandes moléculas — as **proteínas** e o **DNA**. Após a leitura dessas páginas, você compreenderá quem você é de uma maneira totalmente nova.

Proteínas

Quantas vezes você ouviu falar em comer proteínas? Você já pensou por que precisamos comer proteínas?

Precisamos de proteínas em nossa alimentação porque elas são uma parte muito importante do nosso corpo. As proteínas são constituídas de componentes essenciais chamados **aminoácidos**. O nosso corpo digere (quebra) a proteína presente nos alimentos até o nível dos aminoácidos e usa esses aminoácidos para produzir proteínas humanas.

O que essas grandes moléculas de proteína fazem por nós? Tudo! Será essa apenas uma brincadeira do dr. Art? Não!

Fontes de proteínas nos alimentos.

177

O que as Proteínas Fazem?

Tudo o que você faz, ou que qualquer outro organismo terrestre faz, é na verdade feito no nível molecular pelas proteínas. Proteínas especializadas chamadas **enzimas** controlam e em geral possibilitam todas as reações químicas que acontecem no organismo. Diferentes proteínas são responsáveis por:

• digerir o alimento (uma proteína chamada tripsina age no intestino delgado digerindo as proteínas que ingerimos);
• movimentar-nos de um lugar para outro (músculos são proteínas);
• queimar açúcares para produzir energia (enzimas controlam as reações químicas da célula, e todas as enzimas são proteínas);
• transportar gases como o oxigênio e o dióxido de carbono (a hemoglobina no sangue é uma proteína);
• combater agentes infecciosos como os vírus (anticorpos são proteínas);
• agir como uma mensagem química que viaja no sangue e ajuda a coordenar as atividades do corpo (uma proteína chamada insulina controla os níveis de açúcar no sangue);
• e produzir cópias precisas de todas as moléculas e estruturas já presentes no organismo (proteínas especiais estão envolvidas nos processos pelos quais novas proteínas são fabricadas).

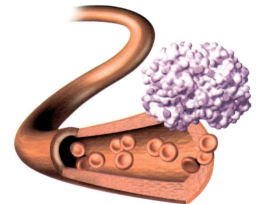

Actina

Hemoglobina

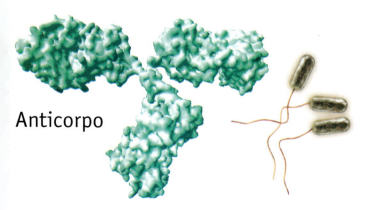

Anticorpo

Os organismos da Terra dependem das proteínas para realizar todas essas tarefas da vida. Uma bactéria pode ter 5.000 diferentes proteínas que a capacitam a encontrar alimento, excretar resíduos, combater inimigos, coordenar suas atividades e fazer cópias exatas de si mesma. Um ser humano é constituído de aproximadamente 40.000 diferentes proteínas que nos capacitam a fazer tudo o que fazemos.

As proteínas podem realizar todas essas tarefas porque:

- são moléculas grandes
- podem combinar-se em muitas diferentes formas
- têm diferentes partes com diferentes propriedades químicas

Cada proteína tem a forma, o tamanho e as capacidades químicas para realizar perfeitamente apenas uma ou algumas tarefas. A proteína dos músculos é fantástica para expandir e contrair. Ela não tem absolutamente nenhuma capacidade para transportar oxigênio no sangue, combater vírus ou digerir amidos.

Como as proteínas podem ser tão grandes? Como elas podem se combinar em formas bem diferentes e ter tantas capacidades químicas? A resposta é que qualquer proteína específica é constituída de centenas a milhares de aminoácidos unidos um ao outro em cadeias muito longas. Além disso, existem 20 diferentes aminoácidos com diferentes dimensões e capacidades químicas.

As proteínas podem ser grandes porque as cadeias de aminoácidos podem ser muito longas. As proteínas são diferentes umas das outras porque sua cadeia de aminoácidos pode ter comprimentos bem diferentes. Uma proteína também é diferente de outra porque ela tem diferentes quantidades dos vários 20 aminoácidos e porque tem esses aminoácidos em diferentes pontos de sua cadeia.

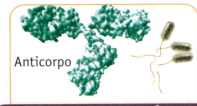

Anticorpo

GRANDE IDÉIA

Tudo o que os organismos fazem é feito pelas proteínas.

179

Para compreender as proteínas, é interessante visualizar cada aminoácido como uma conta de plástico com uma pequena saliência numa ponta (a "cabeça") e uma pequena cavidade na outra ponta (a "cauda"). Os 20 diferentes aminoácidos têm as mesmas cabeças e as mesmas caudas. Eles diferem um do outro no "corpo".

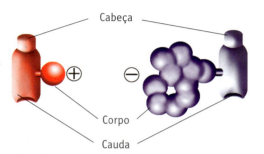

Naturalmente, como os aminoácidos são moléculas pequenas, eles de fato não têm nada que se pareça ou comporte como uma cabeça, um corpo ou uma cauda. Empregamos esses termos porque eles mostram como os aminoácidos diferem um do outro e como podem se unir.

Os aminoácidos se unem pela cabeça e pela cauda: a cabeça de um se prende à cauda do outro. Em nosso modelo de contas, a saliência se ajusta perfeitamente à cavidade.

Observe como as dimensões e as cargas elétricas dos aminoácidos influenciam a forma da cadeia de proteínas.

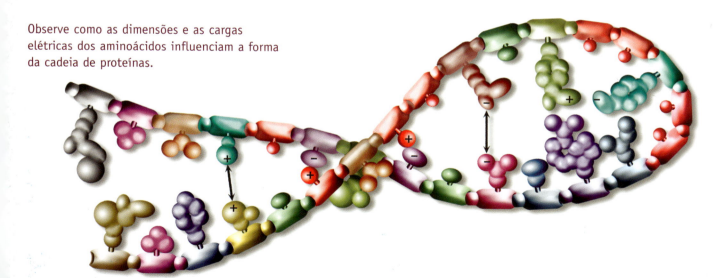

Continuando de modo repetitivo, os aminoácidos se unem para formar uma cadeia bem longa. Cada aminoácido se liga ao aminoácido à frente por meio da cabeça e prende o aminoácido atrás dele por meio da cauda.

Quem somos?

O "corpo" individualiza cada aminoácido. A palavra "corpo" se refere aos átomos existentes entre a cabeça e a cauda do aminoácido. Essas seções do corpo do aminoácido têm propriedades bem diferentes. Algumas delas evitam o contato com a água; outras procuram contato com a água; algumas são bem pequenas; outras ocupam mais espaço e podem incluir átomos interligados como pentágonos ou hexágonos; algumas têm carga elétrica positiva; outras têm carga elétrica negativa; e a maioria tem carga elétrica nula.

Esses 20 diferentes aminoácidos, com suas diferentes propriedades físicas e químicas, possibilitam a existência de um número imenso de diferentes proteínas. Ligando apenas quatro aminoácidos um ao outro, podemos formar 160.000 diferentes combinações. Existem 20 possibilidades para a posição do primeiro aminoácido, multiplicado por 20 escolhas para a segunda, multiplicado por 20 escolhas para a terceira, multiplicado por 20 escolhas para a posição do quarto aminoácido. Como as proteínas consistem em centenas a muitos milhares de aminoácidos ligados em cadeia, o número possível de diferentes proteínas é praticamente infinito. Visto que os aminoácidos têm dimensões, propriedades químicas e cargas elétricas diferentes, as proteínas têm uma enorme variedade de tamanhos, formas e capacidades químicas.

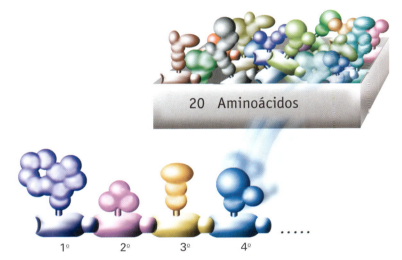

Existem 160.000 diferentes combinações apenas para os 4 primeiros aminoácidos de uma proteína

181

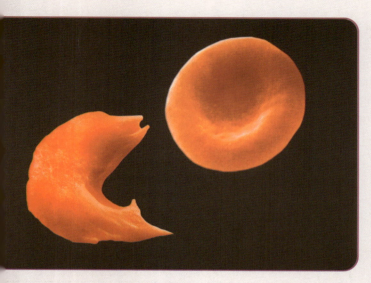

Uma alteração em apenas um aminoácido causa a anemia falciforme.

Qualquer proteína específica (como a hemoglobina que transporta o oxigênio nas células vermelhas do sangue ou o hormônio insulina que regula os níveis de açúcar no sangue) é constituída de aminoácidos específicos reunidos numa ordem muito específica. Os tipos de aminoácidos e sua ordem fazem com que a proteína assuma uma forma que a capacita a realizar sua tarefa específica. A remoção ou alteração de apenas um aminoácido pode afetar radicalmente a capacidade da proteína de realizar a tarefa que lhe compete.

A doença chamada anemia falciforme resulta de uma alteração em apenas um aminoácido dentre os 177 aminoácidos interligados numa cadeia de hemoglobina. Embora os outros 176 aminoácidos tenham exatamente a mesma posição na cadeia e a mesma estrutura que na hemoglobina normal, a alteração desse único aminoácido resulta em células vermelhas com capacidades reduzidas de levar oxigênio para as células do corpo. Uma alteração em apenas um aminoácido nessa única proteína faz com que a pessoa portadora desse tipo de hemoglobina passe por episódios de dor, anemia crônica e infecções severas.

DNA

Entre as muitas coisas surpreendentes realizadas pelos organismos vivos, talvez a mais impressionante seja que eles fazem cópias de si mesmos. Em menos de 20 minutos, uma bactéria pode ficar maior, produzir internamente uma cópia das suas moléculas mais importantes e dividir-se ao meio. Passa a haver duas bactérias idênticas onde antes havia apenas uma. Nesse ritmo, uma bactéria pode se transformar em um milhão em menos de sete horas.

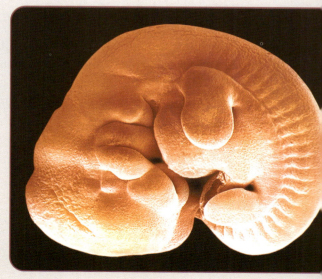

Embrião de um rato dez dias após a fertilização.

Quem somos?

As células no interior de um organismo multicelular fazem a mesma coisa. É assim que uma única célula de um ovo fertilizado pode produzir células suficientes para se tornar um rato, uma baleia ou um ser humano.

Como as células têm a informação que lhes permite saber como se tornar uma bactéria ou a célula do nariz de um rato ou a célula de um cérebro humano? Como elas copiam essa informação de modo que cada nova célula sabe como realizar seu trabalho, inclusive reproduzir a si mesma?

Até a década de 1950, os cientistas já haviam provado que grandes moléculas denominadas **ácidos nucléicos** têm como função mais importante armazenar informações e passar informações para gerações futuras. Neste livro, vamos nos concentrar num tipo de ácido nucléico chamado DNA.

Semelhantes às proteínas, os ácidos nucléicos também consistem em pequenas peças que se ligam pelo processo cabeça-cauda, formando longas cadeias. No caso dos ácidos nucléicos, as pequenas peças são chamadas de bases nucleotídeas, ou simplesmente **bases**. O DNA é constituído de quatro bases (denominadas A, T, G e C). É útil imaginar cada base tendo uma cabeça, uma cauda e um corpo.

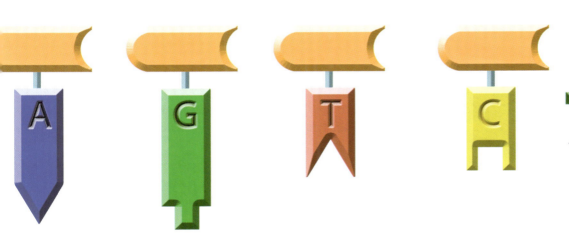

A cabeça e a cauda das quatro bases do DNA são todas iguais. O "corpo" diferencia essas bases uma da outra. Observe a ilustração na margem desta página que mostra como as bases se ligam uma à outra. Elas formam uma longa cadeia com o "corpo" de cada uma projetando-se na perpendicular.

183

Guia do dr. Art para a ciência

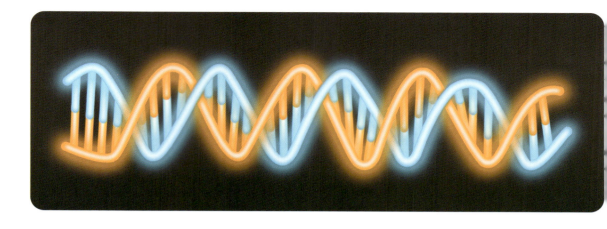

Uma molécula de DNA é formada por duas cadeias que se enlaçam uma à outra formando uma dupla-hélice. Todo A numa cadeia forma par com um T na cadeia oposta. Do mesmo modo, T sempre forma par com A, G forma par com C e C com G.

Vejamos como uma molécula de DNA pode ser copiada. A ilustração na página seguinte mostra uma molécula de DNA como duas cadeias verticais, próximas uma da outra. A representação de duas cadeias próximas facilita a visualização do processo de cópia do DNA. Observe novamente que A e T sempre se opõem uma à outra. A mesma coisa se aplica a G e C.

As conexões para cima e para baixo de cada cadeia são muito fortes. As ligações entre os pares de bases na horizontal são bem mais fracas. Conseqüentemente, as cadeias podem se separar uma da outra com relativa facilidade.

Quando as cadeias se separam, a célula pode formar uma nova cadeia parceira ao longo de cada cadeia que se separa. O desenvolvimento da cadeia parceira segue as mesmas regras de formação dos pares de bases (A com T; T com A; G com C e C com G). Quando a célula estiver terminada, ela terá duas moléculas de DNA de cadeia dupla idênticas à molécula de cadeia dupla original. A célula pode então dividir-se, com cada uma das duas novas células produzindo sua própria cópia do mesmo DNA da célula original.

Uma molécula de DNA se assemelha a uma escada em espiral. Observe que há duas cadeias. As bases formam conexões entre as duas cadeias. Você percebe o padrão de conexão das bases?

184

Quem somos?

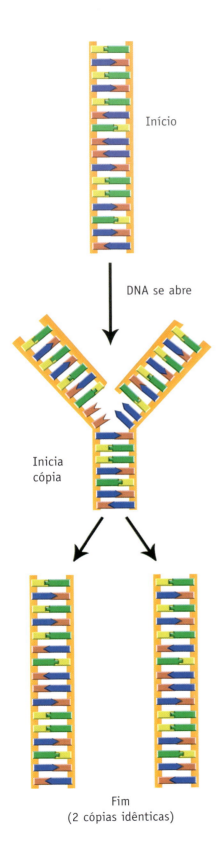

Início

DNA se abre

Inicia cópia

Fim
(2 cópias idênticas)

Assim, a estrutura do DNA e suas regras de formação dos pares de bases mostram como o DNA pode ser copiado com facilidade. Uma célula do esperma do pai faz suas moléculas de DNA se unirem às moléculas de DNA numa célula do óvulo da mãe. A célula do óvulo assim fertilizado tem um conjunto de moléculas de DNA tanto da mãe como do pai. Ela então se desenvolve e divide formando um ser humano com trilhões de células. Cada uma dessas células tem sua própria cópia do conjunto de moléculas de DNA fornecidas pela mãe e pelo pai para produzir a célula do óvulo fertilizado original.

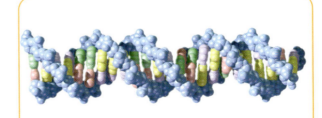

GRANDE IDÉIA

A estrutura do DNA explica como ele pode ser copiado.

185

Guia do dr. Art para a ciência

Esse processo de cópia permite que filhos tenham um DNA com a mesma ordem das bases do DNA dos pais. Entretanto, ainda ficamos com uma questão fundamental. Como uma molécula de DNA funciona? O que é tão especial com relação à ordem das bases numa molécula de DNA? Como essa molécula fornece as informações para formar um ser humano em vez de um rato, de uma mosca-das-frutas ou de um girassol?

A Vida na Terra é Bilíngüe e Tem um Código

Em seção anterior deste capítulo aprendemos que as proteínas fazem tudo o que você ou qualquer outro organismo da Terra faz. As proteínas geralmente colaboram com todas as reações químicas que acontecem nos organismos. Elas também ajudam a formar inúmeras estruturas do organismo. Por isso, se um programa disser às células de um organismo como produzir cada uma de suas proteínas, esse organismo terá as informações de que precisa. O programa diz às células como produzir suas proteínas específicas, e estas fazem todo o resto. Os ácidos nucléicos são esse programa.

Depois que descobrimos a estrutura do DNA, o passo seguinte no mistério detetivesco consistiu em decifrar o código que capacita o DNA a dizer às células como produzir proteínas específicas. Toda proteína é constituída de uma cadeia de aminoácidos unidos numa ordem específica. Para produzir uma proteína específica, a célula precisa de instruções que lhe digam com que aminoácido começar, que aminoácido colocar na segunda posição, que aminoácido selecionar para a terceira posição, e assim sucessivamente até o último aminoácido da cadeia de proteínas.

Como o DNA tem as informações para que uma filha se pareça com a mãe?

De algum modo, o DNA tem as informações para colocar o aminoácido certo na posição apropriada para cada proteína.

Quem somos?

Um modo interessante de pensar sobre essa tarefa é considerar as proteínas como uma espécie de idioma com 20 letras. Cada letra representa um aminoácido diferente. Qualquer proteína específica é como uma página de texto com uma letra após outra formando a longa proteína "palavra".

Podemos imaginar o DNA como outra língua, com apenas quatro letras (A, T, G e C). De algum modo, a língua DNA pode especificar a ordem das letras na língua proteína. Em outras palavras, a ordem das bases numa seção do DNA é um código que de algum modo corresponde à ordem dos aminoácidos numa proteína específica.

Que tipo de código pode ser esse? Talvez um código constituído de uma única letra? A base A poderia representar um aminoácido; T poderia codificar um segundo aminoácido; G, um terceiro e C, um quarto. Com um código de DNA de uma só letra, as células poderiam produzir proteínas que tivessem apenas quatro aminoácidos diferentes. Mas as proteínas contêm vinte diferentes aminoácidos.

Que tal um código de DNA de duas letras? Como você pode ver, com as quatro bases do DNA podemos obter dezesseis combinações de duas letras. Um código de DNA de duas letras é quase viável, mas, para a vida, ele não é suficiente.

AA AT AG AC
TA TT TG TC
CA CT CG CC
GA GT GG GC

No entanto, um código de DNA de três letras propicia 64 combinações (faça os cálculos!), o que é mais do que suficiente para os 20 aminoácidos e também para os sinais de pontuação como "começar aqui" e "terminar aqui". E adivinhe! A vida adota um código de DNA de três letras, chamado **código genético**.

Guia do dr. Art para a ciência

GRANDE IDÉIA

Todos os organismos da Terra são bilíngües e usam o mesmo código genético.

Como esse código funciona? A célula "lê" uma seqüência de bases de DNA em grupos de 3 letras. Cada combinação de 3 letras indica à célula o aminoácido que ela deve usar para fabricar uma proteína específica. Por exemplo, a combinação AAG indica o aminoácido lisina.[2]

Todas as formas de vida da Terra usam o mesmo código genético. A combinação de 3 letras AAG corresponde ao aminoácido lisina para bactérias, para a mosca-das-frutas, para sequóias, cogumelos, águas-vivas e seres humanos. Os cientistas podem retirar as instruções genéticas para produzir uma proteína humana e injetar esse DNA humano num rato, numa mosca-das-frutas ou numa bactéria. Esse organismo pode então produzir a proteína humana idêntica. No nível molecular, somos incrivelmente semelhantes.

Em seção anterior deste capítulo, conhecemos a doença anemia falciforme, uma doença grave causada por uma alteração em um aminoácido da proteína hemoglobina. Em geral, essa alteração ocorre numa única letra de uma única combinação de aproximadamente 500 bases de DNA que codificam a proteína hemoglobina.

Seqüência normal do DNA da hemoglobina da 3ª à 9ª posições do aminoácido:

... ... CTG ACT CCT GAG GAG AAG TCT ... ...

Seqüência do DNA da anemia falciforme da 3ª à 9ª posições do aminoácido:

... ... CTG ACT CCT GTG GAG AAG TCT ... ...

"T" substitui "A" no código do sexto aminoácido (alterando a seqüência de 3 letras de GAG para GTG). O resultado é a mudança de um aminoácido que tem carga negativa e gosta de água para um aminoácido de carga elétrica nula que evita a água. Assim, a alteração em uma base causa uma mudança em apenas um aminoácido. Em conseqüência disso, a proteína hemoglobina alterada assume uma forma diferente. Células sangüíneas vermelhas com a hemoglobina alterada

---

2. Como existem mais combinações de 3 letras do que existem aminoácidos, a maioria dos aminoácidos de fato tem mais de uma combinação de 3 letras que especificam esse aminoácido. Por exemplo, os trios AAA e AAG codificam ambos o aminoácido lisina. Algumas combinações de 3 letras significam "começar aqui" e "terminar aqui".

Quem somos?

desenvolvem uma forma falciforme rara, não transportam oxigênio bem e a pessoa sofre de uma doença grave.

A Tabela a seguir compara as proteínas com o DNA, resumindo suas diferenças e suas relações.

COMPARAÇÃO ENTRE PROTEÍNAS E O DNA		
CARACTERÍSTICA	**PROTEÍNA**	**DNA**
O que faz numa célula	Faz tudo o que uma célula precisa fazer e produz algumas estruturas da célula.	Armazena e transfere informações; diz à célula o que fazer e como fazer.
Constituintes básicos	20 diferentes aminoácidos.	4 diferentes bases nucleotídeas.
Constituição de uma cadeia	Aminoácidos ligados cabeça-cauda.	Bases nucleotídeas ligadas cabeça-cauda.
Número de cadeias	Uma proteína pode ter uma ou mais cadeias que podem ter conexões fortes ou fracas entre si.	Cada molécula de DNA consiste em duas cadeias longas em dupla-hélice, com conexões fracas de pares de bases entre as duas cadeias.
Como faz o que faz	Cada proteína assume uma forma tridimensional específica baseada na ordem dos aminoácidos em sua cadeia. Essa forma e as propriedades químicas de seus aminoácidos a capacitam a fazer o que ela faz.	Todas as moléculas de DNA têm em geral a mesma forma. A ordem das bases do DNA especifica a ordem dos aminoácidos numa cadeia de proteínas. Uma seqüência de 3 "letras" de ácido nucléico codifica um aminoácido específico.

Este capítulo apresentou uma descrição simplificada, mas bastante precisa, de como organismos multicelulares funcionam no nível molecular. A minha única preocupação é que você fique imaginando que o DNA é o "patrão" do organismo. Células são sistemas, e não existe "molécula mestra". Todas as moléculas da célula se influenciam mutuamente.

No próximo capítulo, veremos como a vida e o meio ambiente mudaram ao longo do tempo. Essa análise acrescentará outras dimensões à compreensão de quem somos.

PARE & PENSE

Este capítulo contém muitas ilustrações. Eu precisava delas para mostrar o aspecto das proteínas e do DNA e explicar como eles cumprem suas funções.

Leitores argutos aproveitam as ilustrações de muitas maneiras. Antes de começar a leitura de um capítulo, podem percorrê-lo rapidamente e observar as fotografias e desenhos, formando assim uma idéia do seu conteúdo. Talvez pensem e inclusive escrevam sobre o que já conhecem do assunto e sobre o que acham que podem aprender.

Veja uma estratégia que você pode adotar durante a leitura de um capítulo. Ao ler uma página, interaja com as ilustrações. Procure imaginar o que cada uma delas significa e por que o autor a desenhou exatamente daquele modo, com todos os detalhes.

Assim como é proveitoso explicar uma nova idéia com suas próprias palavras, também é útil esboçar seus próprios desenhos para representar as idéias principais que você encontra numa página. Se a leitura for em grupo, os participantes mostram seus desenhos uns aos outros e comparam os pontos fortes e fracos de suas representações das idéias principais.

Você também pode adotar ilustrações para fazer uma revisão depois de terminar um capítulo. Detenha-se em cada ilustração e escreva uma frase ou duas destacando as informações mais importantes. Por exemplo, a ilustração no alto da página 180 mostra como os aminoácidos se assemelham por ter cabeças e caudas iguais e se diferenciam por ter corpos diferentes. O desenho na parte inferior dessa mesma página mostra...

A essa altura, você pode ter detectado uma Grande Idéia nas estratégias de leitura. Em geral, essas estratégias visam ajudá-lo a tomar consciência dos seus processos de pensamento. Observe a si mesmo como um cientista que percebe e diz, "Ops! Não entendi o que acabei de ler. Eu estava apenas murmurando as palavras para mim mesmo enquanto pensava no jantar. É melhor ler esse parágrafo novamente."

Com ilustrações, o seu cientista interno e auto-observador poderia dizer, "Compreendo a ilustração na página 186, que mostra como o código do DNA ajuda a selecionar o aminoácido que deve ser colocado em cada posição da cadeia protéica. Só que eu consigo fazer um desenho melhor que o do livro. Veja lá, dr. Art, veja lá!"

www.guidetoscience.net

Capítulo 11

A FAMOSA PALAVRA E

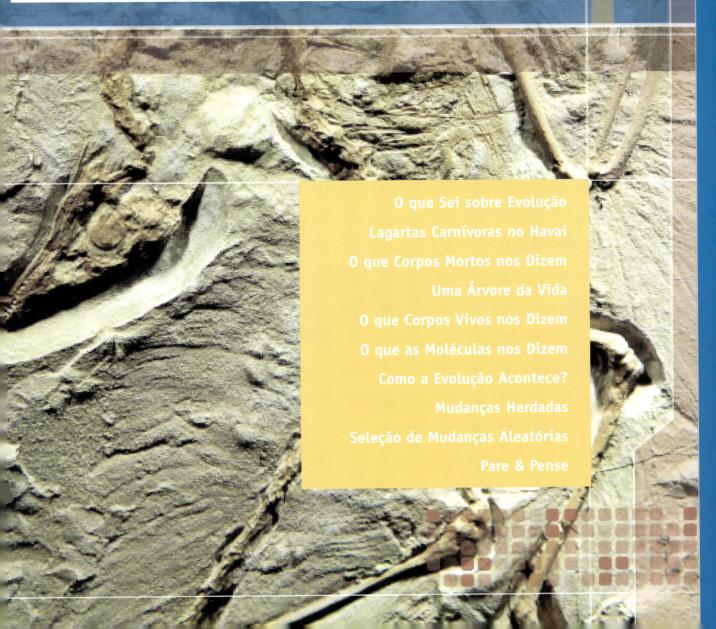

O que Sei sobre Evolução
Lagartas Carnívoras no Havaí
O que Corpos Mortos nos Dizem
Uma Árvore da Vida
O que Corpos Vivos nos Dizem
O que as Moléculas nos Dizem
Como a Evolução Acontece?
Mudanças Herdadas
Seleção de Mudanças Aleatórias
Pare & Pense

Capítulo 11 —
A Famosa Palavra E

O que Sei sobre Evolução

No Capítulo 6, vimos como o universo foi mudando com o passar do tempo. No início, os únicos elementos que existiam eram o hidrogênio e o hélio, dois gases que se distribuíam uniformemente por todo o espaço. As estrelas e galáxias ainda não haviam se formado. Atualmente, o universo tem mais de 90 elementos e bilhões de estrelas e galáxias. A gravidade fez com que o gás hidrogênio se agregasse e formasse as estrelas. A fusão nuclear explica como essas estrelas então produziram todos os elementos maiores.

De modo semelhante, o nosso planeta mudou ao longo do tempo. A Terra começou com moléculas muito mais simples do que as que ocorrem aqui hoje. Ela começou com moléculas pequenas, como água, dióxido de carbono, metano e amônia. Hoje, o nosso planeta inclui moléculas grandes, como as proteínas e o DNA. Ainda mais impressionante, essas moléculas fazem parte de criaturas extraordinárias que chamamos de bactérias, moscas-das-frutas, sequóias, tartarugas e seres humanos.

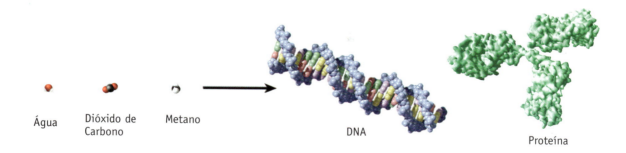

Água   Dióxido de Carbono   Metano   DNA   Proteína

Quando descrevem essas mudanças, os cientistas empregam a palavra **evolução**. Tanto o universo quanto a vida evoluem. A fusão nuclear nas estrelas explica como o universo tem átomos com[plexos], apesar de ter começado apenas com o hidrogênio e o hélio. Do mesmo modo, os processos da evolução biológica explicam como a Terra tem organismos complexos, não obstante a vida ter começado com organismos muito mais simples, unicelulares.

A famosa palavra E

Muitos têm dificuldade de aceitar que os organismos da Terra estão aqui como resultado da evolução biológica. Mesmo pessoas que reconhecem a realidade da evolução biológica muitas vezes têm idéias errôneas sobre ela. Neste capítulo e no próximo, estudaremos a evolução para compreender melhor como ela opera e que lições podemos aprender com ela.

O que significa evolução para você? Antes de continuar a leitura deste capítulo, dedique alguns minutos para responder por escrito às seguintes perguntas:

> O que você sabe a respeito da evolução?
>
> Que opiniões você tem sobre a evolução?
>
> O que você acha que este capítulo lhe dirá sobre evolução?

Lagartas Carnívoras no Havaí

Como a vida chegou à sua condição atual? A evolução explica a história da vida na Terra. Ela ensina como milhões de diferentes espécies puderam aparecer e como os organismos possuem as características impressionantes que lhes dão condições de prosperar.

Uma razão por que as pessoas não compreendem a evolução é que as sociedades humanas se afastaram muito do mundo da natureza. Temos contato acima de tudo com um mundo de casas, carros, escritórios, trens, supermercados, luzes elétricas, parques de estacionamento e televisões. Compramos o nosso alimento embalado em plástico. Interagimos com máquinas, com outros seres humanos e com algumas espécies de animais domésticos e doenças infecciosas.

As sociedades humanas se afastaram do mundo da natureza.

Por que a Terra tem tantos organismos diferentes? Por que eles existem apenas em lugares específicos? Pessoas que vivem em contato mais próximo com a natureza testemunham a incrível diversidade e a impressionante adaptabilidade da vida.

Se você quer ter a experiência das maravilhas do mundo natural, deixe as cidades e visite áreas agrestes do Havaí. As ilhas do Havaí são um dos melhores lugares para entrar em contato com o mundo natural e para conhecer a imensa diversidade da vida. Nessas ilhas isoladas, os cientistas encontram organismos que não existem em nenhum outro lugar do mundo. Entre eles estão grilos que não enxergam, lagartas que pegam moscas e mais de 600 espécies diferentes de moscas-das-frutas (o total no mundo é apenas de aproximadamente 1.500).

Tome o caso das lagartas, também conhecidas como mede-palmos. Em praticamente qualquer outro lugar do planeta, as lagartas só se alimentam de vegetais. No Havaí, porém, encontram-se pelo menos 18 espécies de lagartas carnívoras. O dr. Steven Lee Montgomery descreveu como ele descobriu a primeira dessas espécies:

"Quando vi a mede-palmos comendo uma mosca do mesmo tamanho dela, não acreditei. Como uma lagarta vagarosa conseguiu pegar uma mosca? Que versão inseto de monstro de cinema era essa? Eu achava que todas as lagartas eram vegetarianas. Eu capturei a lagarta, saí da cratera vulcânica na ilha do Havaí e voltei para o meu laboratório na Universidade do Havaí, em Honolulu. A minha expectativa era que lá o meu achado voltaria ao seu comportamento normal, que consistia em alimentar-se de vegetais. Dois dias depois, uma folha colocada no recipiente continuava intocada, por isso coloquei nele uma mosca. A mosca parou perto da lagarta. Esta se ergueu um pouco. A mosca se aproximou um pouco mais, tocando na lagarta. De repente, a mede-palmos virou-se de lado, arrebatou a mosca nas suas garras e a devorou, deixando porções das asas e as pontas das pernas, como ossinhos num prato."[1]

Não machucaria uma mosca?

---

1. Steven L. Montgomery, The Case of the Killer Caterpillars, National Geographic, August 1983, pages 219-225. Um por cento da espécie lagarta fora do Havaí se alimenta de insetos lentos, rastejantes e de corpo mole.

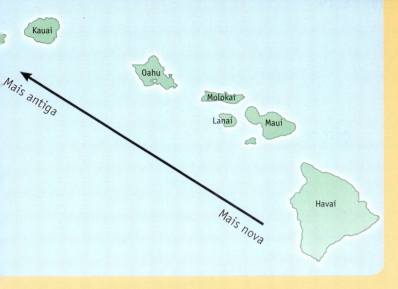

A famosa palavra E

A evolução explica por que e como o Havaí tem tantas variedades de organismos que inexistem em outros lugares do planeta. Todas as ilhas do Havaí começaram como vulcões, emergindo lentamente do fundo do oceano. Produtos de lava incandescente, essas novas ilhas surgiram a milhares de quilômetros de qualquer continente e sem a presença de organismos vivos.

Aos poucos, cada ilha foi esfriando e se tornou um excelente local para a vida. Toda espécie de organismo que chegasse numa ilha estéril tinha a oportunidade de evoluir de maneiras novas e fascinantes. Novos modos de vida se ofereciam; inimigos predadores do continente não existiam. Se você fosse um grilo que habitasse numa caverna, não teria necessidade de ver. Se você fosse a primeira mosca-das-frutas, a sua espécie poderia evoluir e passar a viver de outros tipos de alimentos e de modos que seriam levados por outras espécies de moscas para os continentes. E mesmo lagartas poderiam desenvolver a capacidade de pegar moscas e alimentar-se delas.

O que Corpos Mortos nos Dizem

A evolução não só explica a distribuição atual de vegetais e animais; ela também esclarece por que e onde descobrimos fósseis. Hoje sabemos que **fósseis** são restos de organismos que viviam na Terra. Nem sempre soubemos isso.

Começou com lava

A lava esfriou e se tornou rocha nua

Levando a uma enorme biodiversidade

Fóssil trilobito

Os primeiros fósseis encontrados por naturalistas eram principalmente de organismos pequenos. Eles eram considerados como exemplares ligeiramente alterados de espécies conhecidas ou como espécies que ainda existiam em regiões inexploradas. Esse conceito mudou quando começamos a descobrir grandes esqueletos.

Os mamutes forneceram à civilização ocidental os primeiros sinais consistentes de que os fósseis

195

representam espécies que existiram no passado e já desapareceram. Quando foram descobertas carcaças de mamutes enterradas na neve, ficamos sabendo seguramente que diferentes animais viveram em nosso planeta. Quando desenterramos fósseis de dinossauros, entendemos que répteis dominaram a vida no planeta em tempos remotos.

Para compreender melhor os fósseis, vamos supor que cidades morrem e são substituídas a cada 20 anos. A nova cidade é construída sobre a antiga, e quando esta morre, uma outra eleva-se sobre os escombros. Imagine que você pudesse fazer um corte vertical dessas cidades e examinasse desde a cidade mais antiga na base até a mais recente no topo.

A cidade na base não tem absolutamente nenhuma comunicação eletrônica ou máquinas de entretenimento. Você constata que a segunda cidade mais antiga e todas as demais acima dela têm telefones. Observe quais cidades têm telefones celulares, rádios, computadores pessoais e televisores. Baseado no que você vê, relacione a ordem em que esses aparelhos foram inventados desde o mais antigo até o mais recente.

Os fósseis oferecem esse tipo de evidências para os cientistas que estudam a história da vida na Terra. Quando um rio desgasta a rocha e forma uma garganta profunda, as paredes da garganta expõem diferentes fósseis em diferentes alturas. Em geral, as rochas mais antigas estão na base da garganta e as mais novas no topo.

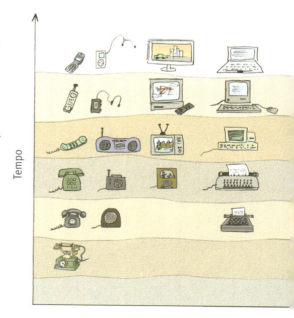

A famosa palavra E

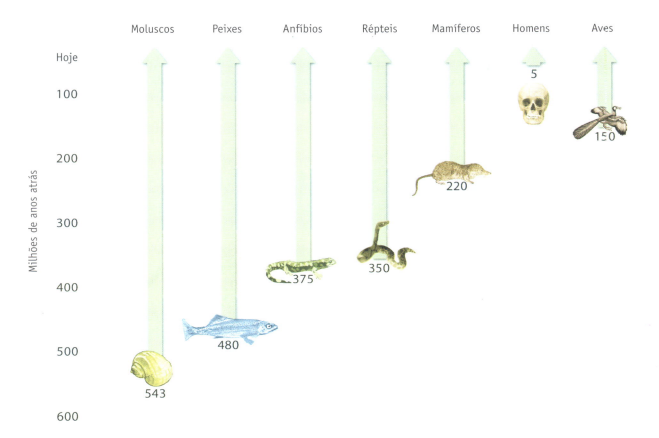

Examinando os diferentes fósseis em diferentes alturas, os cientistas conseguem reconstruir a evolução da vida no curso de milhões de anos. Veja na ilustração acima a data em que fósseis de diferentes organismos aparecem pela primeira vez nos registros. A dimensão vertical do quadro representa milhões de anos atrás. Por exemplo, fósseis de aves aparecem pela primeira vez aproximadamente 150 milhões de anos atrás. Rochas mais antigas não contêm fósseis de aves. Por isso, sabemos que as aves apareceram em nosso planeta em torno de 150 milhões de anos atrás, muito depois dos peixes, dos répteis e dos mamíferos.

GRANDE IDÉIA

A evolução mostra quem vivia quando, e quem vive onde hoje.

197

Guia do dr. Art para a ciência

Uma Árvore da Vida

Podemos ilustrar a história da vida em nosso planeta como uma "Árvore da Vida". As partes baixas da árvore representam os primeiros estágios da vida bilhões de anos atrás. As partes altas nos trazem para mais perto do presente.

Os organismos atuais estão nas extremidades da árvore. As raízes e a base representam os primeiros organismos unicelulares. Toda a vida na Terra hoje tem esses organismos microscópicos como ancestrais muito distantes.

O lado direito da árvore apresenta os vertebrados, animais que têm coluna vertebral. Observe que a ilustração pende a favor dos vertebrados. Animais com coluna vertebral representam menos de 5% das espécies conhecidas do planeta.

No ponto A, aproximadamente 500 milhões de anos atrás (maa), os primeiros animais com coluna vertebral habitaram o planeta, daí evoluindo para todos os peixes, répteis, anfíbios, pássaros e mamíferos atuais. Esses vertebrados eram peixes do mar. Os répteis, vertebrados que podiam viver em solo firme, surgiram em torno de 280 maa.

Os mamíferos apareceram pela primeira vez no ponto B, aproximadamente 210 maa. Todos os mamíferos e répteis atuais têm um ancestral comum recente no ponto B. Desde então, répteis e mamíferos vêm evoluindo. As cobras de hoje estão tão

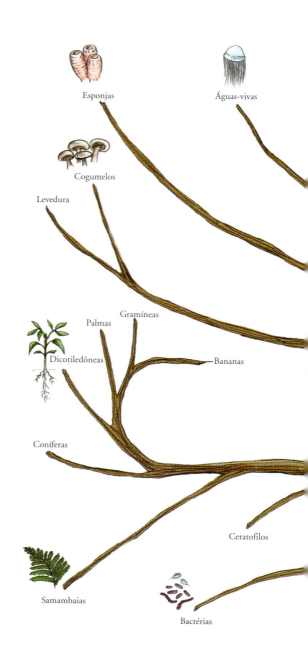

A famosa palavra E

distantes no tempo com relação ao ancestral comum no ponto B quanto os ratos, pombos e seres humanos.

As aves e os répteis tiveram um ancestral comum pela última vez no ponto C. Comparativamente, o ancestral comum mais recente de aves e mamíferos viveu num tempo ainda mais remoto no ponto B. Por isso, as aves estão mais ligadas aos répteis do que aos mamíferos.

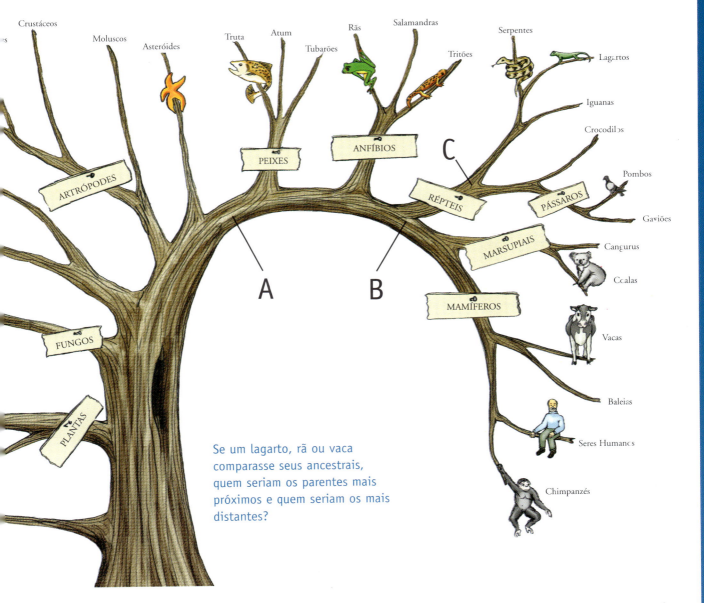

Se um lagarto, rã ou vaca comparasse seus ancestrais, quem seriam os parentes mais próximos e quem seriam os mais distantes?

199

Guia do dr. Art para a ciência

O que Corpos Vivos nos Dizem

A evolução não somente explica que seres vivem onde, hoje, e como se relacionam, mas revela também estranhas características de diferentes corpos. Você talvez se pergunte que características físicas precisam de explicação. Veja alguns exemplos.

Algumas serpentes têm ossos geralmente associados com o caminhar. Somente abelhas fêmeas têm ferrão. Algumas espécies de animais cegos têm olhos, inclusive cristalino e retina, totalmente cobertos por pele. Um embrião humano começa a formar uma cauda e, em ocasiões raras, nasce um bebê com uma cauda externa.

Algumas serpentes, como o píton e a jibóia, têm uma pelve simples e pernas traseiras. Esses ossos estão totalmente escondidos dentro do corpo. Como os pítons e as jibóias não caminham, eles não usam esses ossos. A evolução explica que esses ossos fazem parte da história ancestral dessas serpentes. Os pítons e as jibóias evoluíram a partir de répteis quadrúpedes que tinham uma pelve e pernas para se locomover em terra firme.

Por que o zangão não tem ferrão? As colmeias se beneficiariam muito se tivessem defensores machos que pudessem picar. Acontece que o ferrão evoluiu da parte do corpo da abelha fêmea que botava ovos, depositando cada ovo num favo. Nesses insetos sociais, a abelha rainha se tornou a única fêmea a pôr ovos. A parte do corpo que botava ovos perdeu essa função nas outras fêmeas e com o tempo se desenvolveu num ferrão pontiagudo. Como os zangões nunca tiveram essa parte destinada a pôr ovos, eles não têm ferrão.

Por que esta serpente tem uma pelve e ossos das pernas?

Ferrão de abelha ampliado

A famosa palavra E

À medida que um ovo humano fertilizado cresce no ventre materno, o embrião em desenvolvimento apresenta muitos aspectos que comprovam a nossa ancestralidade. Por exemplo, quando o embrião está com umas cinco semanas, uma cauda incipiente constitui em torno de 10% do seu comprimento. Essa estrutura inclui ossos, espinha dorsal e nervos em fase inicial de desenvolvimento e todos nos seus devidos lugares. Entretanto, à medida que o embrião se desenvolve, as células nessa cauda morrem, o sistema imunológico se livra delas e o bebê nasce normalmente, sem uma cauda externa. No lugar dessa cauda, temos um pequeno osso interno chamado cóccix.

Muito raramente nasce um bebê com uma cauda externa. Em torno de 30% dos casos registrados não são caudas verdadeiras. No entanto, os outros 70% são caudas verdadeiras que, em bebês recém-nascidos, podem chegar a 12 cm. A cauda verdadeira pode se movimentar e contrair. Ela tem pele normal e inclui nervos, vasos sanguíneos e músculos. Por causa da nossa ancestralidade evolutiva, todos temos no DNA a informação para originar uma cauda externa. Uma programação mais recente do DNA detém o crescimento da cauda, e assim praticamente todos os seres humanos vêm ao mundo sem uma cauda externa.

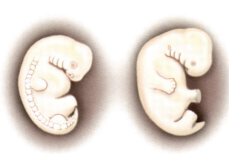

Além de dar uma explicação a partes do corpo estranhas, a evolução explica ainda por que as partes do corpo normal são como são. O artigo da *Enciclopédia Britânica* sobre a evolução põe a questão desse modo:

"Os esqueletos de tartarugas, cavalos, seres humanos, aves e morcegos são extraordinariamente semelhantes, apesar dos diferentes modos de vida desses animais e da diversidade dos seus ambientes. A correspondência, osso a osso, pode ser facilmente vista nos membros, mas também em todas as outras partes do corpo. De um ponto de vista puramente prático, é incompreensível que uma tartaruga possa nadar, um cavalo correr, uma pessoa escrever e uma ave ou morcego voar com estruturas feitas dos mesmos ossos. Um engenheiro poderia desenhar membros melhores em cada caso. Mas quando se aceita que todos esses esqueletos herdaram suas estruturas de um ancestral comum e se modificaram apenas enquanto se adaptavam a diferentes modos de vida, a semelhança de suas estruturas faz sentido."[2]

---

2. Reimpresso com permissão da *Encyclopaedia Britannica*, ©2005 by Encyclopaedia Britannica, Inc.

Em outras palavras, todos esses animais têm um ancestral comum equipado com quatro membros feitos de ossos. Nas tartarugas, esses ossos se transformaram ao longo do tempo para maximizar sua capacidade de nadar. Nos cavalos, eles mudaram para maximizar sua capacidade de correr. Nas aves, os mesmos ossos se transformaram ao longo do tempo para maximizar a capacidade de voar. Nos seres humanos, os mesmos ossos se modificaram para que possamos fazer e usar instrumentos como lanças, vasilhas e lápis. Quando observamos esses ossos hoje, vemos neles evidências de que a vida se desenvolveu ao longo de milhões de anos e que as diferentes espécies atuais têm ancestrais comuns.

O que as Moléculas nos Dizem

No capítulo anterior, vimos alguma coisa sobre as proteínas e o DNA. Todos os organismos da Terra usam proteínas para fazer o que fazem e ácidos nucléicos para armazenar as informações. Vimos também o código genético, que faz a tradução do DNA para as proteínas. Toda a vida na Terra usa essencialmente o mesmo código genético. Essa unidade da vida é exatamente o que esperaríamos a partir dos ensinamentos da evolução que nos dizem que todos temos um ancestral comum. Os primeiros organismos unicelulares desenvolveram o código genético e toda a vida desde então se serve dele.

Podemos tomar essas grandes moléculas e com elas fazer experimentos para pôr a evolução à prova. Os cientistas desenvolveram a Árvore da Vida principalmente através do exame de fósseis e de estruturas do corpo atual. Depois de aprender a analisar as proteínas e o DNA, eles fizeram pesquisas para comparar essas moléculas em diferentes organismos. Depois eles compararam o que aprenderam sobre as moléculas com o que haviam aprendido anteriormente com os fósseis e ossos. Se a evolução está certa, as proteínas e o DNA do homem devem assemelhar-se mais às proteínas e ao DNA dos ratos do que às mesmas moléculas presentes numa mosca-das-frutas ou num girassol.

A famosa palavra E

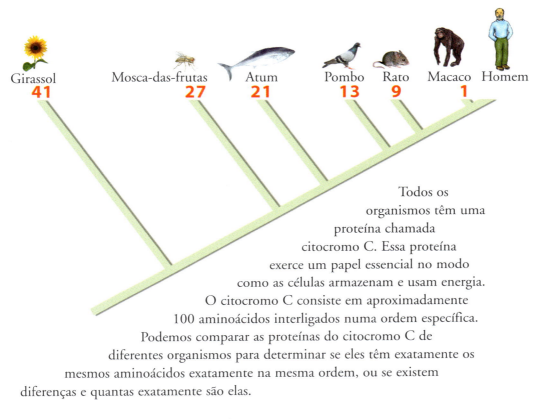

Todos os organismos têm uma proteína chamada citocromo C. Essa proteína exerce um papel essencial no modo como as células armazenam e usam energia. O citocromo C consiste em aproximadamente 100 aminoácidos interligados numa ordem específica. Podemos comparar as proteínas do citocromo C de diferentes organismos para determinar se eles têm exatamente os mesmos aminoácidos exatamente na mesma ordem, ou se existem diferenças e quantas exatamente são elas.

O diagrama acima inclui os resultados da comparação do citocromo C humano com o citocromo C de seis organismos. Por exemplo, essa proteína em macacos é a mesma que no ser humano, exceto por uma mudança em um aminoácido (o número de diferenças no aminoácido aparece em vermelho). A mesma proteína em girassóis tem 41 mudanças em comparação com o citocromo C humano. Quanto menos relação o organismo tem com o ser humano, mais diferenças existem no citocromo C.

Essas aferições foram feitas com muitos diferentes organismos utilizando tanto o DNA quanto a proteína. Os organismos que têm ancestrais comuns mais recentes se parecem mais uns com os outros nos níveis do DNA e da proteína do que os organismos que guardam uma relação menos estreita. A análise dessas moléculas fornece essencialmente a mesma história de vida que fora pacientemente construída comparando fósseis e estruturas do corpo. As evidências fornecidas pelas moléculas confirmam solidamente uma árvore evolutiva da vida.

Como a Evolução Acontece?

Como a vida na Terra pôde evoluir de organismos mais simples e resultar numa diversidade impressionante de organismos complexos? Charles Darwin, o homem cujo nome está mais estreitamente associado à solução desse enigma, hesitou durante muitos anos antes de anunciar publicamente sua resposta em 1858. Ele sabia que a idéia de evolução criaria muita polêmica.

Darwin propôs duas idéias correlatas. Primeiro, ele afirmou que a vida evolui com as espécies passando por mudanças ao longo do tempo. Em outras palavras, as espécies de hoje resultam de um longo processo histórico de mudança que retrocede aos primeiros organismos. Todas as espécies estão relacionadas e podem ter sua procedência atribuída a um ancestral comum que existiu há muitos e muitos milhões de anos.

A segunda proposta de Darwin dizia como a evolução acontece. Essa idéia passou em geral a ser conhecida como **seleção natural.** De acordo com a seleção natural, os organismos com características que melhoram sua capacidade de viver e de reproduzir-se num determinado ambiente tenderão a aumentar em quantidade. Muitas diferentes características podem oferecer essas vantagens. Podemos citar como exemplos características que ajudam a obter alimento, a evitar inimigos, a resistir à doença, a atrair parceiros e a gerar descendência.

Exemplos de seleção natural em ação:
Um bicho-pau confundindo-se com seu ambiente (Você consegue distingui-lo?)
Um guepardo perseguindo um antílope
Um girassol virando suas folhas para pegar mais sol
Um pavão exibindo suas penas para atrair um parceiro
Uma tribo cooperando na caça a um búfalo
Um pessegueiro embalando suas sementes em doce fruto

A famosa palavra E

Guepardos que conseguem correr mais rápido em geral têm melhores oportunidades de viver e reproduzir-se. Um pavão macho cujas penas atraem mais fêmeas terá muito mais descendentes do que um macho indiferente para as fêmeas. Uma macieira que atrai mais animais para comer seus frutos tem maior probabilidade de ter suas sementes levadas para novos locais onde podem se transformar em novas árvores.

Podemos facilmente observar a seleção natural. Por exemplo, temos atualmente problemas com bactérias prejudiciais que resistem a muitos antibióticos. Produzindo grandes quantidades desses antibióticos e usando-os imprudentemente, os homens criaram condições que selecionam para a doença organismos resistentes aos antibióticos. Na presença do antibiótico, uma bactéria da tuberculose resistente tem uma capacidade muito maior de sobreviver e de reproduzir-se do que uma bactéria sensível ao antibiótico. Como resultado dessa seleção natural, o mundo tem hoje uma porcentagem muito mais alta de bactérias causadoras de doença que resistem a muitos antibióticos.

A seleção natural também pode ser facilmente observada em situações que não envolvem seres humanos. Por exemplo, o Sudoeste americano tem muitas populações de ratos de cor arenosa. Esses roedores se confundem bem com seu ambiente natural enquanto procuram alimento. A cor de areia os protege de predadores.

Em alguns locais, a cor de fundo natural é mais escura por causa das correntes de lava de tempos remotos. Nessas áreas, os ratos têm pêlo escuro, e não arenoso. Com a mesma estratégia de camuflagem, a seleção natural deu origem a populações de ratos de cor escura em alguns ambientes e a ratos de cor arenosa em outros.

205

A proposta da seleção natural de Darwin como mecanismo para a evolução inclui efetivamente quatro condições

 Indivíduos em uma população de organismos diferem em características herdadas.

 Organismos produzem mais descendentes do que o meio ambiente pode suportar.

 Indivíduos competem pela sobrevivência e pelo sucesso em reproduzir-se.

 Organismos cujas variações aumentam sua capacidade de sobreviver e reproduzir-se no ambiente atual têm maior probabilidade de transmitir essas variações para seus descendentes.

Até aqui nos concentramos na terceira e na quarta condições. Analisamos organismos que competem e as características que aumentam as possibilidades de terem descendentes. Dissemos que o ambiente não pode suportar todos os organismos que são produzidos (condição 2). Essa situação ocorre o tempo todo. Os organismos produzem tipicamente muito mais progênie do que esta tem capacidade de sobreviver. Pense nos coelhos. Se todos os filhotes vivessem e se reproduzissem, o planeta ficaria coberto de coelhos.

A seleção natural também supõe a primeira condição, que indivíduos numa população são diferentes uns dos outros e que essas diferenças são herdadas. Sem essas variações, todos os membros de uma população seriam idênticos. Todos os indivíduos teriam a mesma possibilidade de ter sucesso e reproduzir-se. Não haveria seleção natural nem evolução.

A famosa palavra E

A seleção natural também depende de que essas diferenças sejam herdadas. Se existissem diferenças, mas não fossem herdadas, a evolução por seleção natural não aconteceria. Sem essa herança, os filhotes de um guepardo veloz não seriam mais velozes do que os filhotes de um guepardo lento. Um aumento na velocidade não poderia ser selecionado e melhorado de geração a geração.

Darwin não sabia como a vida passa informações de uma geração para a seguinte. Ele também não sabia como as características podem variar e como a herança se processa. Os cientistas atuais sabem e você também saberá depois de ler a próxima seção.

Mudanças Herdadas

Basta simplesmente observar os indivíduos numa população para ver que eles apresentam características diferentes. Tudo o que tem condições de mudar, muda. Vemos diferentes alturas, peles (cor, oleosidade, sinais), capacidades artísticas, cabelos (cor, tipo, quantidade), saúde, sensibilidade emocional, etc.

O detalhe fundamental relacionado com a seleção natural e a evolução é que essas variações ocorrem aleatoriamente. Havendo possibilidades de uma característica variar, ele variará. E variará de tantas formas quantas o DNA e as proteínas do corpo possibilitarem. Assim, toda população de organismos que se reproduzem sexualmente consistirá em indivíduos que de algum modo se diferenciam de qualquer outro indivíduo na população (excetuando-se gêmeos idênticos).

207

Muitas variações estão sempre presentes. Cada indivíduo numa população de organismos difere da média em muitos aspectos. Quando o ambiente favorece uma determinada variação, essa característica, ao longo do tempo, pode tornar-se um traço importante dessa população.

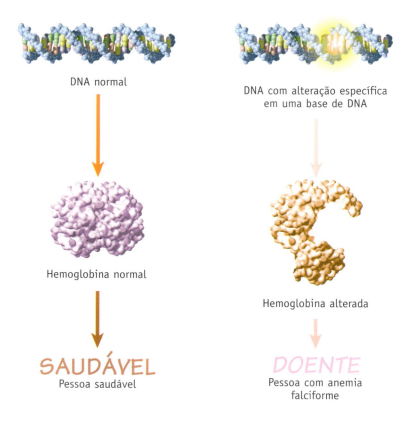

O que provoca essas mudanças? Você sabe que o DNA codifica instruções para produzir proteínas. Se o DNA muda, as proteínas podem mudar. Se as proteínas mudam, as características de todo o organismo podem mudar. Em outras palavras, diferenças no DNA de um organismo para outro produzem mudanças nas características desses organismos. As mudanças podem referir-se a uma grande variedade de características, como altura, cor, inteligência, alergias, tipo sanguíneo, e assim por diante.

Mas o que faz o DNA mudar? O DNA está continuamente exposto a substâncias químicas e à radiação eletromagnética, as quais podem causar mudanças em suas bases (lembre-se de que as letras da língua DNA são quatro bases). Além disso, erros acontecem.

Erros ocorrem no processo de cópia do DNA. Cada célula humana tem um DNA que é constituído de seis bilhões de bases em ordem específica em cada uma das duas fitas. A cópia desse DNA é feita durante várias horas à razão de 500.000 bases por segundo. Durante esse processo agitado, podem acontecer erros diversos, como a colocação de uma ou mais bases na posição indevida ou mesmo a perda ou o acréscimo de seções do DNA.

A famosa palavra E

Essas alterações na seqüência de bases do DNA são chamadas **mutações**. Modificações no DNA podem causar mudanças nas proteínas, as quais por sua vez podem produzir alterações nas características do organismo. Essas alterações são herdadas porque acontecem no sistema de informações da célula, seu DNA.

A alteração de uma ou mais bases no DNA pode causar mudanças nas proteínas desse organismo. Como conseqüência, esse indivíduo pode apresentar características diferentes das que são comuns aos demais membros da mesma população. Em sua grande maioria, as mutações são prejudiciais ou neutras, e por isso não são selecionadas. Entretanto, em ocasiões muito raras, uma mutação pode ajudar um organismo a sobreviver e reproduzir-se. Nesse caso, seus descendentes terão as mesmas mudanças em seu DNA. Eles herdarão o DNA alterado e portanto produzirão a proteína alterada que os ajudará a ter sucesso em seu ambiente.

GRANDE IDÉIA

A vida tem a diversidade entranhada em seu próprio âmago.

A biologia ensina que a vida gera naturalmente uma multiplicidade de variações que podem ser herdadas. A vida tem a diversidade entranhada em seu próprio âmago. Charles Darwin não sabia como a vida gera essa enorme diversidade. Você, agora, sabe. Se você achar um jeito de viajar no tempo, vá ao passado e conte-lhe a novidade.

Seleção de Mudanças Aleatórias

As mudanças no DNA fornecem a gama de variações possíveis nas características; o ambiente determina a direção da evolução. Por exemplo, as mudanças no DNA podem fazer com que um grilo tenha uma visão melhor ou podem piorar sua visão. O ambiente seleciona as "melhores mudanças de visão" para grilos que vivem na relva e seleciona algo como "não desperdice energia em mudanças de visão" para os grilos havaianos que vivem exclusivamente em cavernas. A evolução aproveita mudanças aleatórias no DNA para selecionar aquelas que ajudam o organismo a sobreviver e reproduzir-se no ambiente do momento.

> Os cientistas podem mostrar que uma alteração em apenas uma ou duas proteínas pode mudar a cor de um rato ou a sensibilidade de uma bactéria a um antibiótico.

É fácil compreender que em rochas escuras, ratos escuros terão maior possibilidade de sobreviver do que ratos de cor clara. Do mesmo modo, é lógico que na presença de um antibiótico, as bactérias que resistem à droga substituirão as que são por ele afetadas. Os cientistas podem mostrar que uma alteração em apenas uma ou duas proteínas pode mudar a cor de um rato ou a sensibilidade de uma bactéria a um antibiótico. Essas mudanças simples são então selecionadas dependendo do meio ambiente.

O que dizer de características mais complexas como velocidade, capacidade para caçar, visão ou inteligência? Os cientistas sabem que essas características resultam de muitas proteínas trabalhando juntas. Nesses casos, a evolução se dá por meio de inúmeras mudanças pequenas, feitas gradualmente.

Uma variação que melhora a capacidade de sobreviver de um organismo por uma margem diminuta, digamos 1%, distribuir-se-á extensamente na população num tempo relativamente curto. Nós não perceberíamos uma melhora de 1% nem mesmo em nossa própria vida, mas a evolução pode facilmente detectar e estimular essas pequenas mudanças.

Imagine um rebanho de cervos que vivem numa floresta capaz de sustentar 100 cervos. Ocorre uma mutação que aumenta a velocidade e melhora em 1% a capacidade de sobreviver e reproduzir-se. Em menos de 300 anos, todos os cervos terão herdado essa mutação. Esse período de tempo pode parecer longo para nós, mas é menos que um piscar de olhos na história da Terra.

Pessoas que têm dificuldade de aceitar a evolução dizem às vezes que a seleção natural não pode produzir adaptações complexas como a capacidade de ver ou voar. Na verdade, os cientistas oferecem explicações bem plausíveis para a evolução dessas características.

Pense na visão. Toda criatura que conseguisse perceber vagamente a luz teria uma enorme vantagem sobre seus parentes e vizinhos totalmente cegos. Mesmo melhorias insignificantes seriam progressivamente selecionadas, levando a uma visão cada vez melhor.

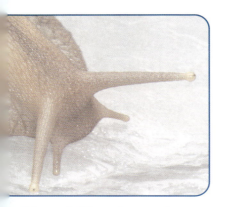

Olhos primitivos do caracol

Olho humano bem desenvolvido

A famosa palavra E

Por oferecerem vantagens de sobrevivência muito grandes, muitas vezes os olhos evoluíram de forma independente. A ilustração a seguir mostra as etapas relativamente breves que podem levar da cegueira à visão clara. Ela se inspira na análise detalhada de Richard Dawkins apresentada no Capítulo 5 do seu livro, *Climbing Mount Improbable* (W. W. Norton & Company, 1996).

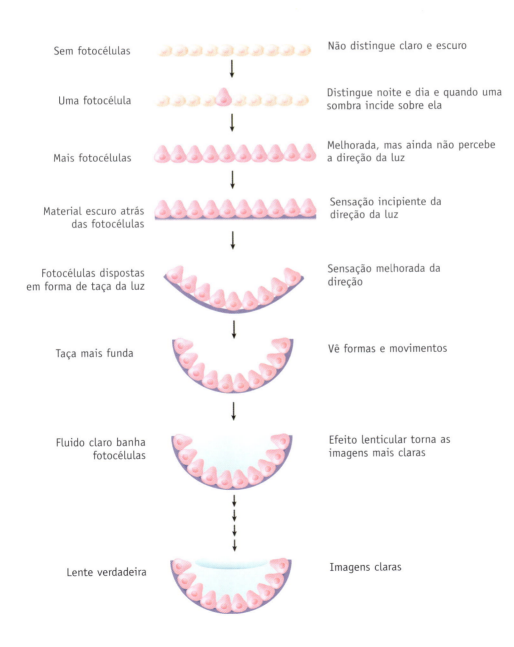

Existem pessoas que acham que o caráter aleatório das variações cria um problema para a evolução. Se as mudanças ocorrem aleatoriamente, como algo tão complexo como um olho pode formar-se? A resposta é que, embora as mudanças sejam aleatórias, a seleção natural não é aleatória. A seleção natural sempre impele populações de organismos na direção de uma sobrevivência melhor em seu ambiente. Se o ambiente favorece consistentemente organismos com visão boa, a seleção natural levará progressivamente a uma visão melhor. Se o ambiente favorece consistentemente organismos que não gastam energia com a visão, a seleção natural levará progressivamente à cegueira.

É fácil cometer o erro de pensar que os organismos têm essas variações porque procuram se adaptar melhor ao meio ambiente. Nada disso; as mudanças ocorrem aleatoriamente, sem intenção nem propósito. As bactérias não encontram antibióticos e então resolvem tornar-se resistentes. Insetos não percebem que o ambiente se tornou mais escuro e então procuram assumir uma cor mais escura. Grilos que vivem em cavernas não decidem tornar-se cegos.

Mudança no fundo resulta em mais percevejos claros

Fundo cinza; mesma quantidade de percevejos claros e escuros

SELEÇÃO NATURAL

Mudança no fundo resulta em mais percevejos escuros

Em vez disso, em populações de organismos, sempre existem variações, como girafas com pescoço de comprimentos diferentes e insetos com diferentes tonalidades de cor. Variações aleatórias fornecem as matérias-primas de que a seleção natural se servirá. Dependendo do ambiente, diferentes variações serão selecionadas, resultando em populações que se adaptam melhor ao seu ambiente atual.

Este capítulo apresentou a **Idéia Extraordinária da Evolução**. Em resumo, todos os organismos atuais têm ancestrais em comum. As espécies que habitam a Terra mudaram muito no decorrer do tempo e a seleção natural exerce um papel importante na produção dessas mudanças.

Veremos no próximo capítulo o que aconteceu a um grupo de organismos que dominou a Terra durante milhões de anos. As características desses organismos deram a eles condições de prosperar e reproduzir-se nos mais diversos ambientes em todos os continentes da Terra, menos na Antártica. Mas esses ambientes mudaram instantaneamente à meia-noite do dia 26 de dezembro.

Idéia Extraordinária

EVOLUÇÃO

Todos os organismos atuais têm ancestrais em comum. As espécies que habitam a Terra mudaram muito no decorrer do tempo e a seleção natural exerce um papel importante na produção dessas mudanças.

PARE & PENSE

Em seção anterior deste capítulo, eu lhe pedi que escrevesse respostas a três perguntas:

O que você sabe a respeito da evolução?
Que opiniões você tem sobre a evolução?
O que você acha que o dr. Art lhe dirá sobre evolução?

Veja o que você escreveu. Compare o que você sabia naquele momento com o que você sabe agora. Você ainda tem as mesmas opiniões? Eu lhe disse o que você pensava que eu lhe diria?

O próximo capítulo nos levará a um aprofundamento ainda maior da evolução e da história da vida em nosso planeta. Preencha o quadro abaixo. Voltaremos a ele no fim do próximo capítulo. Se você quer escrever mais sobre qualquer uma das afirmações, vá em frente. O ato de escrever o ajuda a tomar consciência do que você está pensando e lhe inspira novas idéias. Muitas vezes fico surpreso comigo mesmo ao reler o que escrevi, e esse é um dos motivos por que gosto de escrever.

AFIRMAÇÃO SOBRE A EVOLUÇÃO	CONCORDO	DISCORDO	EM DÚVIDA
A evolução explica como vegetais e animais se desenvolveram na Terra.			
Pessoalmente, não acredito que os seres humanos evoluíram de formas de vida mais simples.			
Por causa da evolução, os organismos continuam melhorando cada vez mais.			
A evolução ensina que Deus não existe.			
Compreendo quanto é um bilhão de anos.			
A evolução teve como propósito o desenvolvimento dos seres humanos.			
A ciência que me capacita a dirigir um carro, pegar uma gripe ou usar um computador é muito diferente da ciência que ensina a evolução.			

www.guidetoscience.net

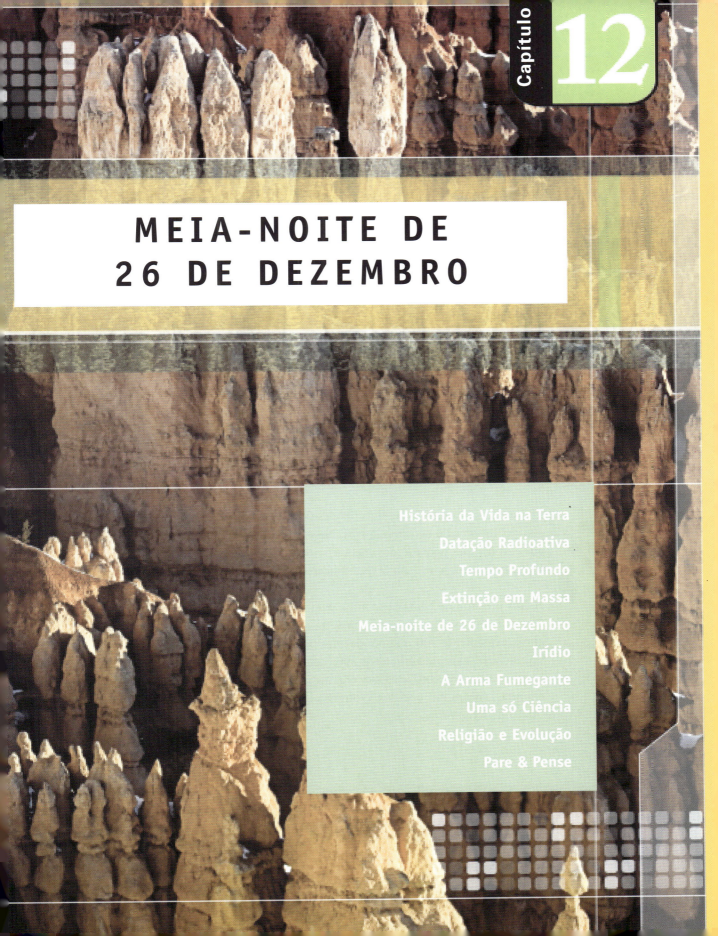

Capítulo 12
MEIA-NOITE DE 26 DE DEZEMBRO

- História da Vida na Terra
- Datação Radioativa
- Tempo Profundo
- Extinção em Massa
- Meia-noite de 26 de Dezembro
- Irídio
- A Arma Fumegante
- Uma só Ciência
- Religião e Evolução
- Pare & Pense

Capítulo 12 —
Meia-Noite de 26 de Dezembro

Início da Terra

História da Vida na Terra

A Terra se formou há quatro bilhões, 550 milhões (4.550.000.000) de anos. Mais adiante neste capítulo, vou explicar como os cientistas calculam a idade de coisas como rochas, fósseis e planetas.

Durante esses milhões de anos, a vida na Terra mudou de muitas maneiras. Podemos ilustrar essas mudanças compactando toda a história da Terra numa escala de tempo de um ano. Quando tratamos toda a história da Terra como apenas um ano, 1º de janeiro representa o início da Terra, mais de quatro bilhões de anos atrás, e a meia-noite de 31 de dezembro representa o tempo atual.

As primeiras evidências de vida na Terra encontram-se há três bilhões, 850 milhões de anos atrás, quando o nosso planeta estava com a idade de 700 milhões de anos. Em nosso calendário de um ano, essa data corresponderia ao dia 26 de fevereiro. Bactérias unicelulares foram as primeiras formas de vida de que temos notícias.

26 fevereiro
Bactérias unicelulares

Durante aproximadamente dois bilhões de anos, esses organismos microscópicos simples foram os únicos terráqueos. Nesse período, eles produziram invenções admiráveis. Eles podiam movimentar-se de um lugar para outro, usar a energia do Sol para alimentar-se e ainda multiplicar-se numericamente copiando a si mesmos.

A vida precisou de bem mais tempo para desenvolver organismos multicelulares do que precisou para manifestar-se na Terra. Foram necessários apenas aproximadamente 700 milhões de anos para que ela desenvolvesse organismos unicelulares, mas precisaria de 2.700 bilhões de anos para dar origem aos primeiros organismos multicelulares. Esses organismos eram algas que, como todas as demais criaturas, viviam nos oceanos. No nosso calendário de um ano, elas apareceram no dia 18 de setembro.

Ainda apenas organismos unicelulares...

216

Meia-noite de 26 de dezembro

Nos organismos multicelulares, diferentes células se especializam para realizar diferentes tarefas, como movimentar-se, digerir o alimento e enxergar formas e cores. Os primeiros animais multicelulares foram criaturas parecidas com vermes, de corpo mole, que surgiram no dia 22 de outubro. Os primeiros animais com concha apareceram em 18 de novembro, com quase 90% da história da Terra completa.

A vida multicelular saiu do oceano quando as plantas começaram a ocupar a terra firme em 27 de novembro. Às plantas, no "dia" seguinte, seguiram os artrópodes (aranhas e centopéias) que deixaram o oceano para viver no solo. Lembre-se de que cada dia do nosso calendário representa aproximadamente 12 milhões de anos da história da Terra.

Muitas coisas interessantes aconteceram no último mês da história da Terra (abrangendo o período mais recente de 385 milhões de anos). Em 1º de dezembro, os anfíbios deixaram o oceano para se tornar os primeiros animais quadrúpedes terrestres. Os répteis evoluíram em 3 de dezembro e os primeiros mamíferos apareceram em 13 de dezembro.

As aves evoluíram em 19 de dezembro e as primeiras plantas floridas surgiram em 21 de dezembro. Os primatas (um grupo que inclui macacos, monos e o homem) evoluíram no dia 27 de dezembro. Os primeiros hominídeos (primatas antropóides) apareceram na tarde de 31 de dezembro. O homem moderno surgiu às 23h48min do dia 31 de dezembro, apenas em tempo para participar da Festa de Ano-Novo da História da Terra do Dr. Art.

Ainda apenas organismos unicelulares...

Hoje

31 dezembro (23h48min)
Surgimento do homem moderno

27 dezembro
Surgimento dos primatas

21 dezembro
Primeiras plantas floridas

19 dezembro
Aparecem as aves

13 dezembro
Primeiros mamíferos

3 dezembro
Evolução dos répteis

1 dezembro
Primeiros animais quadrúpedes na terra

27 novembro
Primeiras plantas na terra

18 novembro
Aparecem os primeiros animais com concha

22 outubro
Aparecem os animais multicelulares

18 setembro
Aparecem os primeiros organismos multicelulares

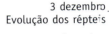

DEZEMBRO

NOVEMBRO

OUTUBRO

JULHO **AGOSTO** **SETEMBRO**

Datação Radioativa

Como sabemos a idade de fósseis, rochas e do próprio planeta Terra? Os períodos de tempo em nosso Calendário da História da Terra foram determinados com um método denominado *datação radioativa*. Esse método aproveita o fato de que os materiais existentes no planeta contêm em si mesmos relógios naturais.

Para compreender esses relógios naturais, precisamos voltar no tempo, mas não milhares ou milhões de anos. Precisamos simplesmente lembrar o que aprendemos sobre elementos e átomos em capítulos anteriores.

Em resumo, o nosso planeta consiste em 92 elementos que ocorrem naturalmente. Cada um desses elementos é feito de átomos que têm prótons, nêutrons e elétrons. Convenci um representante de cada uma dessas partículas subatômicas a descrever o que ela faz.

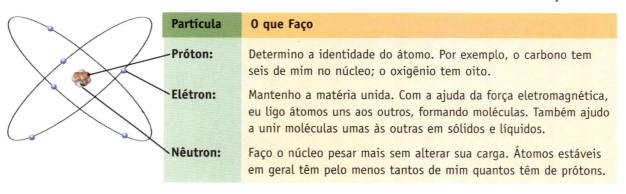

Como as Partículas Subatômicas Poderiam Descrever suas Funções

Partícula	O que Faço
Próton:	Determino a identidade do átomo. Por exemplo, o carbono tem seis de mim no núcleo; o oxigênio tem oito.
Elétron:	Mantenho a matéria unida. Com a ajuda da força eletromagnética, eu ligo átomos uns aos outros, formando moléculas. Também ajudo a unir moléculas umas às outras em sólidos e líquidos.
Nêutron:	Faço o núcleo pesar mais sem alterar sua carga. Átomos estáveis em geral têm pelo menos tantos de mim quantos têm de prótons.

Concentrar-nos-emos em dois elementos, potássio e argônio. O potássio é um metal prateado, mole, que tem 19 prótons. O argônio é um gás que tem 18 prótons e é um gás estável, semelhante ao hélio. Neste caso, ter um próton a mais ou a menos faz a diferença entre um metal e um gás.

Para compreender a datação radioativa, temos de investigar os nêutrons com mais rigor. Diferentemente dos prótons e elétrons, os nêutrons não têm carga. Eles são semelhantes aos prótons pelo tamanho e por se localizarem no núcleo.

A adição ou subtração de nêutrons não altera a natureza do elemento. Por exemplo, o elemento potássio de fato existe em três formas diferentes. Cada uma dessas

Meia-noite de 26 de dezembro

formas tem 19 prótons e 19 elétrons. Elas diferem apenas no número de nêutrons. A maioria dos átomos de potássio tem 20 nêutrons, alguns têm 22 nêutrons e uma porcentagem muito pequena tem 21 nêutrons. Cada uma dessas formas de potássio tem comportamento químico idêntico, produzindo os mesmos tipos de moléculas quando elas se combinam com outros átomos.

Os cientistas usam a palavra **isótopo** para descrever essas formas diferentes do mesmo elemento. Os isótopos de um elemento diferem uns dos outros apenas no número de nêutrons. Sua química é a mesma, mas eles mostram algumas ligeiras diferenças no comportamento físico porque seus pesos são levemente diferentes.

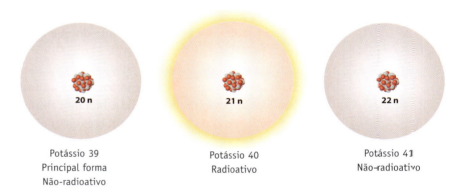

Potássio 39
Principal forma
Não-radioativo

Potássio 40
Radioativo

Potássio 41
Não-radioativo

Entretanto, os isótopos podem ser muito diferentes uns dos outros num aspecto importante. Essa grande diferença ocorre quando um núcleo não é totalmente estável. Muitas combinações de prótons e nêutrons se desfazem. Esses isótopos instáveis se decompõem com o passar do tempo e emitem radiação. Damos a esse processo o nome de **decaimento radioativo**.

No caso do potássio, o isótopo com 21 nêutrons é radioativo. Esse isótopo é chamado de potássio 40 (19 prótons mais 21 nêutrons). Quando decai, o potássio 40 emite radiação e se transforma em outro elemento, o argônio. Na realidade, um próton se transforma num nêutron. O potássio com 19 prótons e 21 nêutrons se torna argônio com 18 prótons e 22 nêutrons.

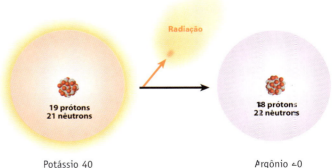

Potássio 40

Argônio 40

219

Guia do dr. Art para a ciência

A datação radioativa é um método que os cientistas adotam para descobrir a idade de alguma coisa.

Esse isótopo de argônio é estável e é a principal forma desse gás encontrada na Terra. O argônio é surpreendentemente abundante; em torno de 1% da nossa atmosfera é gás argônio. Você não o percebe porque ele não reage com outros elementos. Desde que nasceu, você vem inalando e exalando argônio em cada respiração.

De onde veio todo esse argônio? No Capítulo 6, descobrimos que os elementos da Terra eram produzidos nas estrelas por meio da fusão nuclear. Entretanto, esse processo produz muito menos argônio do que a quantidade que encontramos na Terra.

A maior parte do argônio presente em nossa atmosfera veio do decaimento radioativo do potássio. Esse metal é bastante abundante na crosta terrestre. Quando o isótopo instável do potássio decai, o gás argônio pode ir para a atmosfera.

A essa altura você provavelmente está se perguntando como todas essas informações fascinantes se relacionam com as idades das rochas. Eis uma pista. O decaimento radioativo de qualquer isótopo em particular acontece a um ritmo bem regular. Conhecendo esse ritmo regular de decaimento, os cientistas podem determinar a idade das coisas.

O potássio 40 tem uma **meia-vida** de 1,25 bilhão de anos. Isso significa que a cada 1,25 bilhão de anos, metade do potássio 40 decairá e se transformará em argônio. Se começamos com um grama de potássio 40, no fim de 1,25 bilhão de anos, teremos 0,5 gramas. Se tivermos paciência para esperar outros 1,25 bilhão de anos, metade daquela quantidade terá decaído, deixando-nos com apenas 0,25 gramas.

Potássio 40
1,0 grama

1,25 bilhão de anos depois

Potássio 40
0,5 gramas

1,25 bilhão de anos depois

Potássio 40
0,25 gramas

Veja um exemplo de como a datação radioativa acontece com o potássio e o argônio. Quando material rochoso se liquefaz, todo gás argônio presente na rocha escapa. Com o esfriamento e solidificação do material rochoso liquefeito, a nova rocha não tem argônio. Com o tempo, o potássio 40 presente na rocha decai e emite o argônio. Esse argônio não consegue escapar e permanece na rocha. Os cientistas podem então determinar a idade da rocha medindo exatamente as quantidades de argônio e de potássio 40.

220

Meia-noite de 26 de dezembro

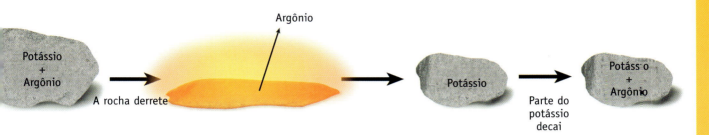

O quadro compara quatro amostras de rochas.[3] A rocha A é lava que irrompeu e esfriou recentemente. Ela não tem argônio. A rocha B tem quantidades iguais de potássio 40 e de argônio. Isso quer dizer que houve um decurso de uma meia-vida depois da solidificação da rocha. Ela tem 1,25 bilhão de anos de idade. Com a rocha C, um quarto do total é potássio 40, significando que duas meias-vidas se passaram (1/2 x 1/2 = 1/4). Ela tem 2,5 bilhões de anos. Nos seus cálculos, qual é a idade da rocha D?

Um pouco acima nesta seção, escrevi que os materiais da Terra têm relógios naturais internos. Esses relógios são os elementos radioativos (como o potássio 40) e seus produtos decaídos (como o argônio). Os cientistas usam diversos elementos radioativos para determinar idades. Em cada caso, o elemento radioativo decai e se transforma em um ou mais elementos diferentes. Cada um desses processos de decaimento tem seu próprio ritmo específico. As medições feitas com base nesses diferentes processos coincidem entre si. Juntas, elas constituem um método muito preciso para determinar a idade de objetos.

DATAÇÃO DE QUATRO ROCHAS DIFERENTES		
AMOSTRA DE ROCHA	VOLUME DE POTÁSSIO 40	VOLUME DE ARGÔNIO
A (lava esfriada recente)	1,00 mg	0,00 mg
B (uma meia-vida)	0,50 mg	0,50 mg
C (duas meias-vidas)	0,25 mg	0,75 mg
D (três meias-vidas)	0,125 mg	0,875 mg

Tempo Profundo

O Guinness World Book of Records registra atualmente uma mulher francesa, Jeanne-Louise Calment, como a pessoa que, devidamente documentada, detém o recorde de maior longevidade já alcançada por um ser humano. Ela morreu em 1997 com 122 anos e 164 dias. Uma mulher da ilha de Dominica chamada

---

3. Este quadro é simplificado para ilustrar o método. O potássio de fato decai de dois modos diferentes, sendo que um deles produz cálcio em vez de argônio.

Guia do dr. Art para a ciência

GRANDE IDÉIA

Nós realmente não compreendemos dimensões de tempo como quatro bilhões de anos ou um milionésimo de segundo.

Elizabeth Israel, falecida em 2003, pode ter vivido até os 128 anos de idade.

Considerando que vivemos menos de 130 anos, nós realmente não compreendemos dimensões de tempo como um milhão de anos ou quatro bilhões de anos. Imagine se você fizesse uma contagem progressiva (1, 2, 3, 4...) ao ritmo de um número por segundo e continuasse durante 24 horas todos os dias (sem dormir nem comer), 365 dias por ano. Você teria de continuar essa contagem durante 144 anos sem parar para chegar a quatro bilhões, quinhentos e cinqüenta milhões, a idade do nosso planeta.

No Capítulo 6, usei potências de dez para mostrar que o universo inclui dimensões extraordinariamente grandes e dimensões extremamente pequenas. Ele também encerra períodos de tempo incrivelmente mais curtos e mais longos do que aqueles que encontramos no nosso dia-a-dia, desde milionésimos de segundo até bilhões de anos.

É fácil escrever ou ler as palavras "bilhões de anos" e pensar que compreendemos o que isso significa. Os cientistas usam o termo **Tempo Profundo** para lembrar que bilhões de anos são muito diferentes de centenas ou mesmo de milhares de anos.

Um dos motivos por que as pessoas têm dificuldade de compreender a evolução é que não temos a experiência de quanto as coisas podem mudar ao longo do Tempo Profundo. Baseados em nosso sentido do tempo, podemos duvidar que algo tão complicado como um olho possa evoluir. Felizmente, podemos usar programas de computador para representar as mudanças que podem ocorrer no decurso de períodos longos. Esses programas confirmam que a seleção natural que se processa durante milhões de anos pode produzir facilmente algo tão complexo quanto a visão. A extraordinária diversidade da vida evoluiu ao longo de bilhões de anos do Tempo Profundo.

Extinção em Massa

Vimos no Capítulo 9 que os cientistas empregam a palavra biodiversidade para descrever a variedade de vida na Terra. A área amarela na ilustração na página seguinte representa a biodiversidade da Terra e como ela mudou ao longo dos últimos 600 milhões de anos. Como seria de esperar, o gráfico aumenta da esquerda para a direita, indicando que o número de diferentes organismos é maior

Meia-noite de 26 de dezembro

hoje do que na época em que apareceram os primeiros animais multicelulares.

Observe que a biodiversidade sofreu alguns reveses de grandes proporções em sua longa história. Durante os últimos 500 milhões de anos, houve pelo menos cinco grandes períodos (setas vermelhas) em que o número de organismos diminuiu drasticamente.

Usamos o termo **extinção em massa** para designar esses períodos em que a biodiversidade despencou. A extinção em massa mais catastrófica ocorreu há cerca de 240 milhões de anos. Aproximadamente 95% de todas as espécies marinhas desapareceram. Em nosso calendário, essa catástrofe aconteceu no dia 11 de dezembro.

Depois de cada extinção em massa, a biodiversidade se recupera desse desastre avassalador, mas precisa de muito tempo, de milhões de anos. Os antigos organismos não se recompõem. A recuperação envolve novas espécies que evoluem e substituem as anteriores. A extinção é definitiva. Mais de 99% das espécies que já existiram não existem mais.

O maior volume de informações de que dispomos diz respeito à extinção em massa que ocorreu há 65 milhões de anos. Nós a

Biodiversidade vs. Tempo

65 milhões de anos atrás extinção dos dinossauros

240 milhões de anos atrás 95% de espécies marinhas extintas

Milhões de Anos Atrás

Essas espécies extinguiram-se 65 milhões de anos atrás.

223

Guia do dr. Art para a ciência

identificamos com o desaparecimento dos dinossauros, mas muitas outras espécies então existentes, em torno de 75%, também foram extintas nessa época.

Procure imaginar o que uma extinção em massa significa. Para que uma espécie seja considerada extinta, todos os seus membros devem desaparecer sem deixar herdeiros. E isso aconteceu em todo o planeta. Centenas de milhares de espécies desapareceram de todos os lugares — de todos os oceanos, da África, da Austrália, das Américas e da Ásia. Mesmo espécies que sobreviveram provavelmente tiveram a maior parte de sua população morta sem descendência.

Empregamos as palavras tragédia e catástrofe quando falamos sobre eventos em que vários milhares de pessoas morrem ou uma floresta importante é destruída. Nossa linguagem não consegue descrever adequadamente essas extinções colossais pelas quais passou a vida na Terra.

Meia-Noite de 26 de Dezembro

As crianças têm hoje muitas informações sobre os dinossauros. Talvez você se surpreenda em saber que até o início do século XIX, os nossos ancestrais não tinham nenhum conhecimento a respeito desses espantosos animais. A palavra "dinossauro" foi criada em 1842, quando haviam sido coletadas provas fósseis suficientes para mostrar que "lagartos assustadoramente grandes" viveram aqui num passado remoto.

Esses répteis gigantescos estimularam a curiosidade popular. Que aparência tinham? Como se comportavam? Por que desapareceram?

Alguém poderia erroneamente imaginar que os dinossauros haviam dominado o planeta durante tanto tempo (mais de 100.000.000 de anos), que haviam finalmente morrido de algum tipo de envelhecimento da espécie. De modo nenhum.

No tempo do desaparecimento dos dinossauros, cerca de 1.000 espécies desses répteis ainda dominavam a vida na Terra. Eles variavam em tamanho desde quase tão grandes como a baleia-azul até um pouco maiores do que um rato. Os dinossauros andavam sobre duas pernas, se alimentavam de vegetais, caçavam animais, viviam em sociedade, tinham penas e inclusive voavam.

Meia-noite de 26 de dezembro

No nosso calendário da Terra, 65 milhões de anos atrás seria o fim do 360º dia do ano; podemos chamá-lo de meia-noite de 26 de dezembro. O que causou a extinção em massa que resultou no desaparecimento dos dinossauros e a perda de 75% de todas as espécies então existentes?

As discussões fervilharam durante décadas em torno das causas da grande mortandade ocorrida em torno de 65 milhões de anos atrás. Hoje sabemos que um **asteróide**, com 10 quilômetros de diâmetro, se chocou contra a Terra naquela época. Esse corpo espacial teria desenvolvido uma velocidade aproximada de cem mil quilômetros por hora. A colisão teria atingido a Terra com uma força milhares de vezes maior do que a explosão de todas as armas nucleares atualmente existentes no planeta.

As florestas e a vegetação em todo o mundo teriam irrompido em incêndios. Num período maior, esse impacto teria alterado drasticamente o clima da Terra por um ou mais anos. Poeira e fumaça teriam bloqueado os raios solares, impossibilitando a produção de alimentos. A acidez da explosão teria acidificado a chuva e a neve a níveis indescritíveis. A combinação de incêndios globais, falta de luz solar, perda da vegetação, alterações climáticas profundas, gases venenosos e chuva ácida explica a extinção em massa que afetou todo o planeta.

Irídio

A teoria do impacto de um asteróide começou com o trabalho realizado no fim dos anos 1970 por Luis Alvarez, físico ganhador do Prêmio Nobel, e por seu filho Walter Alvarez, geólogo. Eles estavam desenvolvendo um projeto que envolvia a medição dos níveis de irídio, um elemento metálico raro. Esse elemento tende a misturar-se com o ferro. Grande parte do irídio da Terra está misturada com o ferro derretido presente nas profundezas do núcleo da Terra.

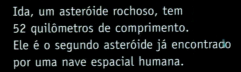

Ida, um asteróide rochoso, tem 52 quilômetros de comprimento. Ele é o segundo asteróide já encontrado por uma nave espacial humana.

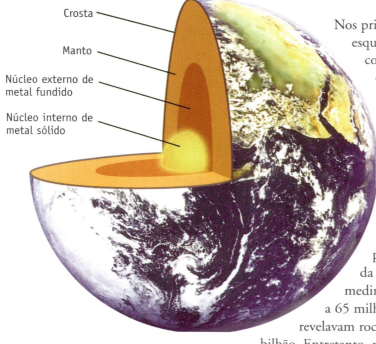

Nos primórdios de sua história, a Terra esquentou tanto que chegou a derreter completamente. Elementos mais densos, como o ferro e o irídio, se acomodaram no interior, acabando por formar o núcleo. Como a maior parte do irídio está no núcleo, a Terra tem níveis excepcionalmente baixos de irídio em sua crosta superficial.

Os Alvarez estavam medindo os níveis de irídio nas camadas superficiais da Terra como parte de um projeto para pesquisar o tempo antes, durante e depois da extinção dos dinossauros. Quando eles mediram material rochoso anterior e posterior a 65 milhões de anos atrás, os níveis de irídio revelavam rochas estáveis em torno de 0,3 partes por bilhão. Entretanto, numa fina camada datada de 65 milhões de anos, o nível de irídio deu um salto 20 vezes maior, ultrapassando o valor de 6 partes por bilhão.

A equipe dos Alvarez fez essa descoberta no centro da Itália. Mais tarde eles obtiveram exatamente o mesmo resultado na Dinamarca e na Nova Zelândia. Outros cientistas também encontraram dados idênticos em muitos locais ao redor do planeta. Uma fina camada da crosta terrestre, correspondente ao tempo da extinção dos dinossauros, tem de dez a cem vezes mais irídio que os materiais imediatamente acima e abaixo da camada.

De onde veio esse irídio? Os asteróides muitas vezes contêm níveis de irídio centenas de vezes maiores do que os normalmente encontrados na superfície terrestre. A explicação mais simples para a descoberta

Este gráfico mostra um aumento espetacular nos níveis de irídio numa fina camada de solo com 65 milhões de anos de idade.

Meia-noite de 26 de dezembro

dos Alvarez é que um asteróide colidiu com a Terra. A colisão criou uma imensa nuvem de poeira que se elevou até a estratosfera, circundou o planeta e acabou se depositando na Terra como uma fina camada descoberta ao redor do globo 65 milhões de anos depois.

A Arma Fumegante

Os cientistas que pesquisaram e teorizaram sobre a extinção dos dinossauros reagiram quase todos à teoria do asteróide dos Alvarez. Um aspecto que fortalece a ciência é que os cientistas discutem sobre as diferentes formas de interpretar resultados. Ou mostram coisas que se harmonizam melhor com sua teoria do que com uma teoria concorrente. Antes de publicar, os cientistas, em sua maioria, antecipam as objeções que outros levantarão e então fazem experimentos para responder a essas contestações antes mesmo que sejam apresentadas.

No caso da teoria do impacto do asteróide, os cientistas encontraram evidências mais consistentes para sustentá-la. Eles mediram outros elementos raros na crosta terrestre e mais abundantes em asteróides espaciais. E novamente descobriram níveis anormalmente altos desses elementos na crosta de 65 milhões de anos atrás.

Alguns cientistas levantaram a hipótese de que um impacto tão grande produziria outras evidências. A crosta da Terra tem muito quartzo, um mineral usado para fazer vidro. A camada de solo do tempo da extinção dos dinossauros tem contas de vidro chamadas tectitos. Essas contas aparecem quando grãos de quartzo esfriam depois de vaporizados por altas temperaturas e pressões. Os tectitos da camada correspondente à época da extinção dos dinossauros coincidem com os esperados de um impacto de asteróide. Essa camada tem também quartzo de impacto, típico de locais afetados pela colisão de meteoritos.

Essas e outras evidências estimularam alguns cientistas a procurar uma cratera com as dimensões e a idade condizentes. Como os oceanos cobrem a maior parte do globo, as probabilidades eram que essa cratera estaria debaixo da água. Mas mesmo que o asteróide tivesse caído num continente, a reconfiguração da superfície produzida pela tectônica de placas e pela erosão dificultaria enormemente sua descoberta.

Objetos vítreos chamados tectitos são criados quando asteróides colidem com planetas ou luas rochosos.

227

Como o mundo aprendeu tragicamente em dezembro de 2004, grandes perturbações no oceano podem causar tsunamis devastadores. Os geólogos encontraram evidências de destroços de 65 milhões de anos atrás produzidos por tsunamis imensos. O local desses destroços conduziu os caçadores de cavernas ao Golfo do México como possível área de impacto.

Como numa investigação criminal bem-sucedida, os detetives finalmente encontraram o que chamaram de "arma fumegante". Uma cratera está enterrada no mar na região do Iucatã. Tomando como base a quantidade de irídio, a equipe de Alvarez havia previsto que a cratera resultante do impacto do asteróide teria de 150 a 200 quilômetros de diâmetro. A cratera de Iucatã tem 180 quilômetros de diâmetro e 65 milhões de anos de idade.

Muitas evidências geológicas confirmam que o Iucatã é realmente o local atingido pelo asteróide responsável pela extinção dos dinossauros. Nos anos 1950, a Pemex, empresa estatal mexicana voltada para a exploração de petróleo, havia realizado explorações nessa região. Eles não encontraram petróleo, mas detectaram uma estrutura circular enterrada que acreditaram ser um antigo vulcão. Mais tarde, em 1978, dois anos antes que a equipe de Alvarez anunciasse seus resultados com o irídio, um geólogo consultor examinou novos dados de magnetismo e gravidade e sugeriu à Pemex a existência de uma cratera enterrada no Iucatã. Sua conclusão não foi publicada, mas acabou ajudando alguns cientistas a identificar o local do impacto que extinguiu os dinossauros.

Diferentes linhas de evidências indicam que um grande asteróide atingiu a costa do México 65 milhões de anos atrás. Esse acontecimento mudou a história da Terra. Todos os dinossauros e metade das espécies de mamíferos desapareceram. À medida que a Terra foi se recuperando, os mamíferos se tornaram enormemente bem-sucedidos, evoluindo para múltiplas espécies que ocupam uma ampla variedade de hábitats. Um ramo de mamíferos desenvolveu uma ciência que capacita essa espécie a descobrir como os mamíferos tiveram sua grande oportunidade 65 milhões de anos atrás através de uma catástrofe global.

Uma só Ciência

Espero que você tenha percebido que todos os diferentes campos da ciência contribuem para a nossa compreensão da extinção dos dinossauros. As evidências fósseis da biologia nos informaram que uma grande extinção havia ocorrido. A datação radioativa baseada na física e na química nos deu a idade do evento. A química do irídio apontou para o céu. A física previu as dimensões da cratera e calculou a enorme quantidade de energia liberada. A geologia provou que um impacto havia acontecido e ajudou a precisar o local. A ciência espacial nos ensinou sobre asteróides e crateras.

Em parte, descrevi a extinção dos dinossauros porque gosto de enfatizar como todas as ciências trabalham integradas. Tudo o que aprendemos por meio da ciência se aplica ao mundo em que vivemos. Tudo se harmoniza. Chamo isso de **Idéia Extraordinária de uma só Ciência.**

Por razões pessoais, talvez queiramos escolher a ciência que aceitamos. Entretanto, a ciência e o mundo não funcionam desse jeito. A ciência que usa a geologia e a química para abastecer nossos carros com gasolina é a mesma ciência que nos ensina a evolução.

A evolução não é uma coisa que aconteceu num passado remoto e parou por lá. A ciência da evolução está acontecendo neste exato momento. Quando tomamos um antibiótico, as bactérias dentro de nós desenvolvem resistências a essa substância. É por isso que os médicos nos dizem para continuar tomando o medicamento mesmo

Idéia Extraordinária

UMA SÓ CIÊNCIA

Todas as ciências trabalham integradas para explicar a realidade.

depois que começamos a nos sentir melhor. Se não tomamos a dose completa do antibiótico, as bactérias podem desenvolver um alto nível de resistência e provocar uma recaída. Pior ainda, o mesmo antibiótico não terá mais condições de nos curar.

As células cancerosas num paciente com câncer evoluem para resistir às defesas do corpo e aos medicamentos do médico. Uma nova droga pode matar 99,99% das células cancerosas. O restante 0,01% pode sobreviver e evoluir para resistir mesmo aos níveis mais elevados da droga. O tratamento médico do câncer precisa levar em consideração como as células cancerosas evoluem. A Idéia Extraordinária de uma só Ciência nos diz que a mesma ciência cura nossas doenças, fornece o combustível para os nossos carros, faz os nossos televisores e telefones funcionar e ensina a evolução.

Religião e Evolução

Darwin sabia que muitas pessoas discordariam radicalmente da evolução pela seleção natural. Ele era produto da sociedade ocidental e essa mesma sociedade freqüentemente reagiu à evolução de forma muito negativa. Essa ciência parecia atacar a idéia de que os seres humanos têm uma condição especial. A evolução parecia negar os ensinamentos do Antigo e do Novo Testamentos.

Algumas pessoas religiosas se opõem à evolução porque ela diverge de leituras da Bíblia que insistem em que cada palavra é literalmente verdadeira. As pessoas que seguem uma leitura rígida de palavra por palavra da Bíblia em geral acreditam que os seres humanos foram criados especialmente por Deus simultaneamente a outras criaturas. Elas normalmente acreditam que a Terra tem apenas milhares de anos de idade.

Outras pessoas religiosas da herança judaico-cristã acreditam que a linguagem da Bíblia não antagoniza com a evolução. Elas consideram a Bíblia como um texto sagrado que ensina verdades profundas e considera a evolução como parte do plano de Deus.

A ciência da evolução não nos diz se Deus existe ou não. Ela simplesmente mostra como a vida se desenvolveu neste planeta. No que diz respeito à ciência, Deus poderia ter escolhido usar a evolução como forma para a vida se desenvolver na Terra.

Meia-noite de 26 de dezembro

Você pode ouvir muita coisa sobre conflitos entre ciência e religião, mas pessoas religiosas de diferentes credos aceitam tanto Deus como a ciência. Para essas pessoas, religião e ciência se apóiam mutuamente. Como exemplo, tanto a religião como a ciência nos ensinam a ver o universo com respeito reverente, encantamento e humildade.

A religião pode oferecer orientação em áreas que a ciência não aborda, como para o sentido do universo e da vida humana. A ciência não consegue dizer-nos por que estamos vivos ou se o universo tem um propósito.

A ciência do modo de pensar por sistemas me ensinou a manter uma mente aberta com relação ao universo. O nosso universo tem definitivamente propriedades que são qualitativa e admiravelmente diferentes do nosso nível de realidade. Quando nós terráqueos tentamos entender o universo, a nossa situação pode se parecer a uma única célula do cérebro tentando compreender a mente humana.

Sim, estou maravilhado com o quanto sabemos. E a evolução é parte do conhecimento que tão laboriosamente alcançamos.

Assim, cá estamos, equipados com cérebros e corpos impressionantes. Use-os bem. Reflita sobre tudo o que você aprendeu, inclusive a evolução, e procure harmonizar novas informações com outras coisas que você sabe e em que acredita. Espero que a ciência estimule sua curiosidade e o ajude a compreender a si mesmo e ao nosso extraordinário mundo.

Um cérebro humano consiste em 100 bilhões de células cerebrais. Cada célula cerebral se comunica com as células próximas através da permuta de substâncias químicas. O que ela poderia saber sobre a mente humana?

231

PARE & PENSE

Sem consultar o que você escreveu no fim do capítulo anterior, preencha o quadro a seguir.

AFIRMAÇÃO SOBRE A EVOLUÇÃO	CONCORDO	DISCORDO	EM DÚVIDA
A evolução explica como vegetais e animais se desenvolveram na Terra.			
Pessoalmente, não acredito que os seres humanos evoluíram de formas de vida mais simples.			
Por causa da evolução, os organismos continuam melhorando cada vez mais.			
A evolução ensina que Deus não existe.			
Compreendo quanto é um bilhão de anos.			
A evolução teve como propósito o desenvolvimento dos seres humanos.			
A ciência que me capacita a dirigir um carro, pegar uma gripe ou usar um computador é muito diferente da ciência que ensina a evolução.			

Agora compare as idéias aqui registradas com o que você escreveu no fim do Capítulo 11. Você mudou alguma de suas opiniões? Quais? Por quê?

Se você manteve as mesmas opiniões, por que isso aconteceu?

Como você acha que o dr. Art preencheria esse quadro? A seção do website guidetoscience relacionada com o Capítulo 12 tem suas respostas. Poderia ser um exercício interessante você preencher o quadro com o que você pensa que o dr. Art escreveria e então comparar o resultado com o que ele realmente escreveu.

www.guidetoscience.net

Capítulo 13

PARA ONDE VAMOS?

Superstição

Lá Vai o Sol

Salvar o Planeta?

A Camada de Ozônio da Terra

Ciclo Atual do Carbono

O Clima da Terra

A Teia da Vida da Terra

Ainda não é o Fim

Capítulo 13 —
Para Onde Vamos?

Superstição

Você já esteve num prédio alto, como um hotel, por exemplo, que pula o andar de número 13? Eu já estive em hotéis modernos em que o andar acima do 12º é identificado como 14º. Os botões do elevador indicam 10, 11, 12, 14, 15, 16... Como o número 13 é suspeito, os proprietários temem que pessoas supersticiosas se recusem a ocupar o andar com esse número.

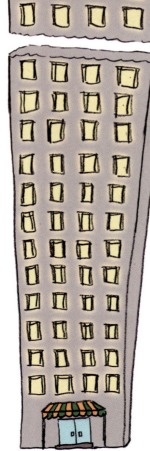

Este último capítulo apresenta algumas previsões da ciência sobre o futuro do universo, do sistema solar e do planeta Terra. Por coincidência, ele é também o 13º. Devemos nos preocupar com isso?

Tanto a ciência como a superstição implicam observar o mundo e descrever causas para explicar o que acontece. Se você é supersticioso e dormiu no 13º andar de um hotel, atribuirá tudo o que acontecer de ruim durante o dia ao seu malfadado quarto. Se derramar suco no paletó ou chutar uma pedra, você já saberá qual é a causa. Realmente, porém, como o número 13 pode fazer com que o suco se derrame?

A ciência é diferente da superstição em vários aspectos importantes. Primeiro, podemos realizar experimentos para testar idéias científicas. Segundo, os resultados da ciência podem ser reproduzidos com exatidão. Se você ou outra pessoa seguir os mesmos procedimentos, os resultados serão os mesmos. Terceiro, a ciência tem explicações lógicas de como as causas produzem seus efeitos, como por exemplo do modo como um terremoto produz um tsunami. Finalmente, toda idéia científica deve em última análise harmonizar-se com tudo o mais que conhecemos na ciência.

As superstições não são assim. Elas não são previsíveis. As coisas nunca acontecem do mesmo modo. Além disso, não existe relação lógica entre causa e efeito ("derramar sal dá má sorte") de uma superstição para outra ou com o resto do mundo.

234

Para onde vamos?

Assim, aqui está o Capítulo 13 explicando o que a ciência pode nos ensinar sobre o futuro. Se o futuro começa a ficar confuso, não jogue a culpa em mim. Considerar este capítulo como o 14º não faria nenhuma diferença. Bata na madeira.

Lá Vai o Sol

O capítulo anterior mostrou quanto podemos aprender sobre o passado, mesmo sobre um fato que aconteceu há 65 milhões de anos. A ciência também pode ajudar-nos a prever o que acontecerá no futuro. Vamos começar considerando o futuro do universo.

O universo vem ficando maior desde o Big Bang. Os cientistas pensavam que o universo acabaria chegando a um tamanho máximo e em seguida começaria a diminuir. Entretanto, evidências hoje indicam que ele continuará aumentando cada vez mais.

Com a expansão do universo, o que está ficando maior? A Terra, o Sol e a Via Láctea? Não, a Terra, o Sol e a Via Láctea vêm mantendo o mesmo tamanho há bilhões de anos. O que está aumentando é o espaço entre as galáxias. Essa expansão do espaço faz as galáxias se afastarem mais e mais umas das outras.

À medida que se afastam umas das outras, as galáxias também ficam mais escuras. As estrelas acabarão esgotando todo seu combustível nuclear e então deixarão de brilhar. Daqui bilhões e bilhões de anos, o universo será vasto e negro.

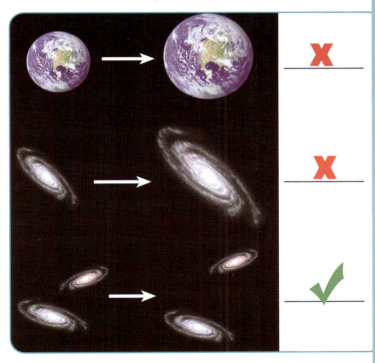

Com a expansão do universo, o que está ficando maior?

235

Guia do dr. Art para a ciência

Enfrentaremos outros problemas graves muito antes que isso aconteça. Em apenas cinco bilhões de anos, o Sol sofrerá algumas alterações radicais por esgotar seu estoque de hidrogênio. Não menciono grupos antigos de *rock-and-roll* há bastante tempo, mas a canção dos Beatles "There Goes the Sun" [Lá Vai o Sol] falava sobre o futuro do sistema solar.

Como descreve essa canção, em aproximadamente cinco bilhões de anos o Sol se expandirá e cozinhará o planeta Terra. Os oceanos ferverão e evaporarão e a superfície se derreterá. No fim da sua velhice, o Sol encolherá e reduzirá seu tamanho. A Terra e os outros planetas se projetarão no espaço vazio, negro, congelado.

Essas mudanças drásticas no Sol poderiam representar problemas formidáveis para os terráqueos daqui a bilhões de anos. Esse poderia ser o desafio global deles. Por alguma razão, não me preocupo muito com o que acontecerá daqui a cinco bilhões de anos. Por outro lado, estou muito preocupado com alguns desafios globais com que nos defrontamos neste exato momento.

GRANDE IDÉIA
Não podemos destruir a vida na Terra.

Salvar o Planeta?

Você provavelmente já viu a frase "Salve o Planeta". Meu conselho? Não se preocupe em salvar o planeta Terra.

Nosso planeta já tem mais de quatro bilhões de anos e sobreviveu a calamidades muito maiores do que qualquer coisa que possamos fazer. A vida sobreviveu a asteróides que colidiram com a Terra. Não podemos destruir a Terra nem a vida em nosso planeta.

Significa então que não precisamos nos preocupar com o modo como nossas ações podem afetar o meio ambiente? Sem dúvida, é evidente que precisamos. Mesmo que não possamos destruir a vida na Terra, podemos provocar mudanças globais desastrosas para muitos habitantes atuais do planeta, inclusive para nós mesmos.

Questões ambientais locais.

Para onde vamos?

Todos os dias, o jornal, a TV e o rádio abordam uma ou mais questões ambientais. Em geral, são questões de dois tipos — locais e globais. As questões locais dizem respeito à região onde moramos e a fatores no ambiente que nos afetam todos os dias (água, ar, alimento, lixo). As **questões ambientais globais** se referem às condições em todo o planeta.

Ao refletir sobre o futuro, vamos nos concentrar em três aspectos que podem mudar as condições atuais numa escala planetária. Essas questões ambientais globais são:

Ozônio — destruição do ozônio na camada superior da atmosfera que protege os organismos da radiação ultravioleta (UV) do Sol

Clima — aumento dos gases de estufa na atmosfera, resultando em mudanças climáticas em todo o planeta

Extinção — altos índices de extinção de espécies e danos aos ecossistemas

A Camada de Ozônio da Terra

Esta questão ambiental global envolve a fina, mas vital, camada de **ozônio** na atmosfera superior. Esse ozônio protege os organismos da Terra da radiação ultravioleta do Sol. As substâncias químicas produzidas pelo homem estão destruindo esse ozônio e provocando um aumento na quantidade de radiação UV que chega à superfície terrestre.

237

O ozônio é uma forma de oxigênio. O gás oxigênio que respiramos é constituído de dois átomos de oxigênio ligados. Por sua vez, uma molécula de ozônio tem três átomos de oxigênio ligados um ao outro. Essa mudança na estrutura química faz com que essas formas de oxigênio tenham diferentes propriedades. Se, por um lado, respiramos a forma composta de dois átomos, por outro a forma de três átomos é bastante tóxica para nós.

Felizmente, a maior porcentagem do ozônio da Terra está na atmosfera superior, de 15 a 50 quilômetros acima de nossas cabeças. Lá em cima, ele absorve a radiação UV do Sol e nos protege. Na verdade, a atmosfera inferior que respiramos contém uma pequena porção de ozônio. Esse ozônio faz

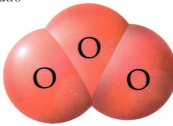

Oxigênio (O$_2$)

Ozônio (O$_3$)

Ozônio Bom e Ozônio Ruim			
TIPO DE OZÔNIO	ONDE ESTÁ?	COMO SURGE?	O QUE FAZ?
Ozônio "bom"	Atmosfera superior	Resultado natural da reação do oxigênio com a luz UV	Protege a vida contra os raios UV do Sol
Ozônio "ruim"	Névoa seca das cidades	Resulta da reação dos agentes poluentes (por ex., descarga de carros) com a luz do Sol	Causa problemas de saúde, especialmente de respiração

parte da névoa seca criada pela poluição que impregna as cidades. Essa é uma questão ambiental local, porque esse ozônio prejudica os nossos pulmões. Alguns chamam essas duas formas do ozônio de ozônio bom e ozônio ruim.

A diferença entre O$_2$ O$_3$ mostra novamente como uma pequena alteração numa parte pode causar uma grande mudança em todo um sistema.

Nós nos preocupamos com o ozônio que está na parte superior da atmosfera porque ele protege a vida contra a radiação UV do Sol. Mesmo uma exposição ligeiramente maior à radiação UV pode aumentar a incidência de doenças, como o câncer de pele. Aumentos da radiação UV podem também prejudicar muitos organismos e ecossistemas da Terra.

No século XX, as sociedades industriais começaram a usar grandes quantidades de novas substâncias químicas chamadas **clorofluorcarbonos** (CFC). Essas substâncias tinham inúmeras aplicações, especialmente em refrigeradores e condicionadores de ar. Melhor de tudo, os CFCs pareciam seguros porque não prejudicavam as pessoas nem se combinavam com outras substâncias químicas.

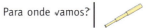
Para onde vamos?

Por serem estáveis e não reagirem com outros materiais, os CFCs começaram a se acumular na atmosfera superior. Lá, a radiação UV de alta energia quebra as moléculas do CFC, liberando cloro. Cada átomo de cloro CFC liberado na atmosfera superior pode destruir 100.000 moléculas de ozônio.

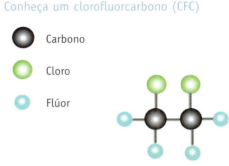

Conheça um clorofluorcarbono (CFC)

- Carbono
- Cloro
- Flúor

Nós não sabíamos que isso estava acontecendo, de modo que os cientistas ficaram muito surpresos quando começaram a descobrir uma diminuição drástica do ozônio atmosférico, especialmente no hemisfério sul. Em resposta, os governos do mundo concordaram em substituir e aos poucos eliminar o uso dos CFCs. Esses acordos parecem estar dando resultados. Atualmente esperamos que a camada de ozônio se recupere lentamente e volte, entre os anos 2050 e 2100, aos níveis existentes no período pré-industrial.

Essa questão do ozônio nos diz que surpresas muito desagradáveis podem acontecer se ignorarmos os ciclos da matéria da Terra. Nós produzimos grandes quantidades de um novo tipo de substância química. Como os CFCs não passaram por um processo de reciclagem natural, eles se acumularam na atmosfera, prejudicando a camada de ozônio da Terra. Estamos começando a compreender que substâncias químicas produzidas pelo homem podem alterar dramaticamente características importantes do sistema Terra. Felizmente, parece que detectamos esse problema antes que ele pudesse se transformar numa catástrofe global.

Ciclo Atual do Carbono

A mudança do clima, a segunda questão ambiental global, também envolve o modo como a matéria realiza seus ciclos em nosso planeta. Em conseqüência das atividades industriais e agrícolas, o homem aumentou a quantidade de vários gases na atmosfera. Esses gases, chamados gases de estufa, estão alterando o clima da Terra devido ao aumento do efeito estufa.

O dióxido de carbono é o gás de estufa mais importante que está aumentando na atmosfera. Esse dióxido de carbono faz parte do ciclo do carbono da Terra que estudamos no Capítulo 7 (páginas 131-134). No ciclo do carbono, grandes quantidades de carbono transitam velozmente entre a atmosfera, os oceanos e os organismos.

Os combustíveis fósseis (petróleo, carvão e gases naturais) constituem um reservatório importante de carbono, contendo oito vezes mais carbono do que a atmosfera. Na ausência de atividades humanas, esse carbono de combustível fóssil não exerce nenhuma função no ciclo atual do carbono porque está depositado nas profundezas da terra. No entanto, o homem extrai esse carbono e o queima em usos variados, como transporte, aquecimento, cozimento, eletricidade e produção de bens de consumo.

Essa queima de combustíveis fósseis acrescenta atualmente em torno de sete bilhões de toneladas de carbono na atmosfera. Nós também estivemos queimando florestas, acrescentando outro bilhão de toneladas de carbono na atmosfera. Como conseqüência, o ciclo global do carbono está atualmente em desequilíbrio.

Na década de 1950, cientistas e autoridades governamentais compreenderam que era preciso medir com exatidão a quantidade de CO_2 presente na atmosfera para descobrir se ela estava mudando e quanto. A estação de medição mais famosa, instalada na montanha mais alta da Grande Ilha do Havaí, dispõe de dados registrados desde 1958.

O gráfico na página seguinte mostra que a quantidade de CO_2 na atmosfera aumentou de 316 ppm (partes por milhão) em 1959 para 378 ppm em 2005. Tendo como referência a década de 1950, já estivéramos destruindo florestas e queimando quantidades enormes de combustíveis fósseis havia mais de cem anos. Para ter uma idéia melhor dos impactos humanos, precisaríamos conhecer os níveis de CO_2 existentes antes da revolução industrial.

Quando queimamos combustíveis fósseis, extraímos carbono das profundezas da Terra e o lançamos na atmosfera na forma de dióxido de carbono.

Para onde vamos?

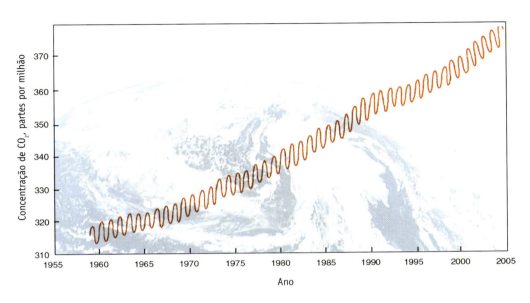

Este gráfico mostra que o dióxido de carbono está aumentando na atmosfera. Veja que o gráfico apresenta linhas que sobem e descem a cada ano. O que você acha que produz essas ondulações?

Pista: a resposta envolve respiração e fotossíntese. A seção do website guidetoscience referente ao Capítulo 13 explica essas linhas onduladas.

Os cientistas podem medir hoje os níveis de CO_2 presentes na atmosfera da Terra centenas e milhares de anos atrás. Não, eles não viajam fisicamente para o passado. Eles analisam bolhas de ar presas no gelo sob a superfície da Terra. Quanto mais abaixo da superfície, mais eles recuam no tempo.

Com essa técnica, temos dados que mostram que a concentração atmosférica de CO_2 registrada era aproximadamente de 280 ppm no ano de 1750, tendo permanecido razoavelmente estável durante os 10.000 anos anteriores. A concentração de 378 ppm em 2005 fornece fortes evidências de que as atividades humanas já causaram um aumento de mais de 40% do CO_2 atmosférico. A última vez que o dióxido de carbono atmosférico atingiu esses níveis foi provavelmente 20 milhões de anos atrás.

Este gelo é parte de um longo cilindro retirado das profundezas de uma geleira. O gelo é cortado em lâminas muito finas que contêm bolhas de ar de milhares de anos atrás. Quanto mais profundamente enterrado na geleira, mais antigo é o ar.

Apenas em torno da metade do combustível fóssil CO_2 que depositamos na atmosfera permanece lá. Os oceanos e florestas absorvem o restante do CO_2. No ritmo atual de queima de combustíveis fósseis, o carbono pode dobrar sua quantidade em algum momento em torno do ano 2050. Se os oceanos e florestas não continuarem a absorver metade desse carbono extra, a quantidade na atmosfera pode aumentar com rapidez ainda maior.

O Clima da Terra

Nós nos preocupamos com o dióxido de carbono na atmosfera porque o aumento dos níveis de CO_2 e de outros gases de estufa alteram o clima da Terra. **Clima** é diferente de condições meteorológicas. Quando falamos em condições meteorológicas, referimo-nos à chuva, ao sol, ao calor ou ao frio em algum lugar específico, hoje ou na próxima semana. Quando falamos em clima, referimo-nos aos padrões meteorológicos ao longo de um período de tempo maior e geralmente abrangendo uma área extensa. Clima global é o padrão de temperaturas e precipitações para o planeta como um todo.

Governos de todo o mundo vêm se reunindo para discutir as mudanças do clima global que estão acontecendo agora e que podem aumentar no futuro. Essa questão ambiental global tem mais causas e mais efeitos do que a perda de ozônio. Provavelmente estaremos lidando com a mudança do clima global durante muitas décadas futuras.

O gelo que cobria vastas áreas da América do Norte durante a última glaciação formava uma camada com cerca de 3.000 metros de espessura; assim, o gelo era seis vezes mais alto que os edifícios mais altos de hoje!

Período quente – Sem cobertura de gelo

Atualmente 10% de cobertura

20.000 anos atrás – 30% de cobertura de gelo

No decurso de sua longa história, o clima da Terra mudou muitas vezes. Por exemplo, ao longo dos últimos 2.500 milhões de anos, a Terra esteve quente durante 75% do tempo e fria em torno de 25% do tempo. Quando está quente, a Terra tem pouco ou nenhum gelo permanente na superfície. Isso pode ser surpresa para as pessoas em geral, acostumadas a pensar na Terra com gelo permanente em ambos os pólos. Durante seus períodos de frio, a Terra tem muito gelo cobrindo o solo durante todo o ano. Atualmente, em torno de 10% da superfície do solo da Terra está coberta de gelo. Vinte mil anos atrás, o gelo cobria quase 30% da superfície sólida da Terra.

O edifício mais alto tem em torno de 500 metros.

Para onde vamos?

Muitas coisas afetam o clima global da Terra. O efeito estufa, que abordamos no Capítulo 8, tem um papel importante. Os gases de estufa na atmosfera, especialmente o vapor de água e o dióxido de carbono, mantêm o calor por mais tempo no sistema Terra. Sem esse efeito estufa, o planeta seria uma terra devastada e congelada.

Embora o efeito estufa seja uma coisa boa para a vida na Terra, parece que estamos começando a ter essa coisa boa em excesso. Tudo indica que as temperaturas globais já aumentaram aproximadamente 0,5 graus Celsius (em torno de 1 grau Fahrenheit) por causa dos gases de estufa extras que as ações humanas acrescentaram à atmosfera.

Sem Efeito Estufa

Formas Simples de Vida

Nós gostaríamos de saber quanto o clima pode mudar, com que rapidez a mudança acontecerá e quais exatamente serão os efeitos. O sistema Terra é tão complexo, porém, que não conhecemos as respostas exatas. Nós sabemos que estamos aumentando os gases de estufa, que já alteramos o clima e que o aquecimento global provavelmente aumentará durante este século.

Efeito Estufa Pré-industrial

Teia Saudável da Vida

O Painel Intergovernamental sobre Mudanças Climáticas (IPCC), a organização internacional que analisa essa questão, prevê que as temperaturas globais aumentarão de 1 a 5 graus Celsius durante este século. Esse aumento pode não parecer grande, mas os períodos mais frios e mais quentes nos últimos vários milhões de anos envolveram mudanças de apenas 5 a 10 graus C. Além disso, essas mudanças estão acontecendo num ritmo extremamente rápido. O aquecimento anterior mantinha-se numa média de aproximadamente 1 grau C por mil anos. Podemos estar provocando mudanças de temperatura de 10 a 40 vezes mais rápidas. Esses níveis de mudanças climáticas podem produzir alterações significativas na vida das pessoas. Alterações na temperatura e na precipitação podem transformar a agricultura em

Aumento do Efeito Estufa

Impactos sobre a Teia da Vida

243

todo o mundo, afetando o abastecimento de alimentos local e globalmente. Previsões anunciam que tempestades e ondas de calor no verão aumentarão de intensidade. Aumentos na temperatura também elevam os níveis dos mares, afetando comunidades litorâneas e inundando países insulares. Doenças tropicais como a malária podem se espalhar para novas regiões.

Também nos preocupamos com a mudança do clima porque ela afetará outros organismos. Alterações no clima podem agravar o nosso terceiro desafio global, a perda da biodiversidade.

A Teia da Vida da Terra

Desde os primórdios, os seres humanos vêm interferindo na teia da vida. Como tudo está interligado, podemos dizer a mesma coisa a respeito de qualquer organismo. A diferença é que agora temos uma população humana imensa e tecnologias poderosas com efeitos de longo alcance. Os cientistas calculam que, hoje, usamos em torno de um terço da energia da fotossíntese absorvida e armazenada pelos vegetais.

Estamos prejudicando os ecossistemas local e globalmente pelo menos de seis modos diferentes (ver a lista abaixo). Em muitos ecossistemas, praticamos todas essas ações ao mesmo tempo. Quando as pessoas se mudam para uma nova região ou desenvolvem economicamente uma nova região, elas constroem estradas que fragmentam o hábitat, realizam desmatamentos, lançam substâncias químicas no solo e nos rios, introduzem animais domésticos e matam a fauna e a flora locais.

1. FRAGMENTAÇÃO DO HÁBITAT
Isolando áreas do hábitat natural

2. DESTRUIÇÃO DO HÁBITAT
Destruindo fisicamente o hábitat natural

3. POLUIÇÃO
Acrescentando substâncias químicas ao hábitat natural

Fragmentação do Hábitat

Destruição do Hábitat

Para onde vamos?

4. EXTRAÇÃO EXCESSIVA
Madeira, pesca e caça em ritmos mais rápidos do que a natureza consegue repor

5. ESPÉCIES EXÓTICAS
Introduzindo plantas e animais em novos ecossistemas, onde crescem de modo descontrolado

6. MUDANÇAS CLIMÁTICAS
Aumentando a quantidade de gases de estufa na atmosfera, o que traz como conseqüência mudanças no clima da Terra

Agora estamos ameaçando transformar também o clima. Uma espécie vegetal ou animal que reduziu sua população devido à perda do hábitat e à exposição a poluentes pode não conseguir sobreviver a uma mudança climática. Se o novo clima tornar seu hábitat atual inviável, não lhe será fácil simplesmente "fazer as malas" e mudar-se para uma nova região onde o novo clima poderia ser favorável. Primeiro, rodovias, bairros e cidades podem bloquear o caminho. Segundo, as espécies dependem umas das outras. O clima numa região pode ser perfeito, mas um organismo não conseguirá viver nela se os vegetais e animais de que ele precisa para alimentar-se e abrigar-se não estiverem presentes.

Poluição

Extração Excessiva

Espécies exóticas:
Kudzu, uma trepadeira originária da Ásia, asfixiou toda essa área no sudeste dos Estados Unidos.

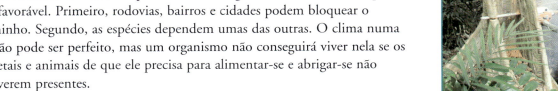
Mudanças Climáticas

245

Guia do dr. Art para a ciência

O que está acontecendo com a teia da vida atualmente? Muitos biólogos acreditam que já estamos entrando num processo de extinção em massa tão severa quanto as extinções em massa que ocorreram no passado. A taxa normal de extinção secundária é de aproximadamente 10 a 25 espécies por ano; a taxa atual é provavelmente pelo menos vários milhares de espécies por ano.

Como podemos continuar tendo uma vida normal, sem nem sequer nos darmos conta de uma extinção em massa? Bem, quase todos nós vivemos em cidades ou perto de cidades, longe das regiões que contêm a maior parte da biodiversidade da Terra. Vivemos longe das regiões que hoje passam por um processo de destruição irreversível do hábitat, a principal causa da extinção atualmente. As florestas tropicais que abrigam quase metade da biodiversidade da Terra estão sendo destruídas em ritmo acelerado.

Devemos nos preocupar com o desaparecimento de todas essas espécies? A maioria delas é de insetos e mesmo de organismos ainda menores que ninguém de nós jamais veria.

Muitas pessoas condenam as extinções porque acreditam que é moralmente errado destruir ecossistemas e provocar o desaparecimento definitivo de outros organismos. Muitos também acreditam que o mundo natural deve ser protegido simplesmente porque ele é belo. As duas posições sustentam que devemos proteger os ecossistemas, mesmo que não tenham nenhuma importância prática, de caráter econômico.

Como conseqüência das atividades humanas, 24% da espécie mamíferos e 12% da espécie aves correm atualmente um sério risco de extinção.

Outra categoria de argumentos afirma que a biodiversidade da Terra tem um enorme valor econômico e prático e que já estamos destruindo uma riqueza insubstituível. Em torno de um quarto dos remédios produzidos nos Estados Unidos contém ingredientes originariamente descobertos em plantas. Um exemplo disso é a aspirina, o medicamento de consumo mais comum. A pervinca rósea, uma planta que só se desenvolve em Madagascar, nos deu um remédio que cura quase todos os casos de leucemia infantil, uma doença que anteriormente matava praticamente todas as suas vítimas.

Muitos remédios contêm ingredientes originalmente descobertos em plantas.

246

Para onde vamos?

Os vegetais desenvolveram uma variedade enorme de substâncias químicas ao longo de milhões de anos. Quando uma nova doença ou inseto ataca uma plantação, os cientistas procuram no mundo natural as variedades resistentes a essa doença ou inseto. Eles podem então proteger culturas importantes, como de arroz e trigo, reproduzindo a resistência das variedades silvestres. Quando uma espécie vegetal fica extinta, podemos perder para sempre a cura da AIDS, do câncer ou de doenças que atacam nossas lavouras.

O mundo natural também realiza serviços que tendemos a considerar normais, inclusive limpeza do ar, da água e dos alimentos. Os organismos desempenham papéis importantes nos ciclos da matéria da Terra, como os ciclos do carbono, do nitrogênio e do enxofre.

Quantas espécies podem desaparecer antes que a teia atual da vida se desembarace? Não sabemos. Não conhecemos os detalhes de funcionamento da maioria dos ecossistemas. Não sabemos como os ecossistemas interagem uns com os outros. Não sabemos como diferentes ecossistemas ou combinações de ecossistemas dão sustentação ao sistema global maior. Não sabemos quantas espécies existem atualmente, quantas estão se extinguindo neste momento e o que acontecerá se continuarmos tendo o mesmo comportamento que estamos demonstrando. Nós simplesmente não sabemos.

GRANDE IDÉIA

Não sabemos quantas espécies existem, quantas estão em processo de extinção e o que acontecerá com a teia da vida.

Há uma coisa que provavelmente saibamos. Os seres humanos gostam de proteger criaturas engraçadinhas, interessantes, fortes ou meigas. Nós queremos salvar as baleias, as chitas e os pandas. Também gostamos de proteger a nós mesmos. No entanto, nós e outros carnívoros ocupamos o topo das pirâmides ecossistêmicas. Isso nos torna mais vulneráveis às mudanças nos ecossistemas.

Dano ao topo... a base permanece   Dano à base... o topo entra em colapso

247

Os produtores, que captam a energia do Sol, e os decompositores, que ajudam a reciclar a matéria, desempenham papéis cruciais nos ecossistemas. Esses componentes importantíssimos da biodiversidade da Terra são os vegetais (inclusive o plâncton, conjunto de organismos microscópicos que sustentam os ecossistemas dos mares), e os feios, os invisíveis e malcheirosos. Estes são criaturas que normalmente não vemos na TV, nos ímãs de geladeira, no zoológico ou nos artigos de jornais.

Muitos cientistas e organizações procuram hoje proteger os ecossistemas em vez de dedicar-se a espécies individuais. Quando uma espécie está ameaçada, podemos entender esse fato como uma advertência de que precisamos proteger os ecossistemas a que ela pertence. Podemos assim proteger os produtores, os malcheirosos, os invisíveis e os feios, e talvez, no longo prazo, também a nós mesmos.

Para onde vamos?

Ainda não é o Fim

Este capítulo abordou os desafios ambientais globais com que nos defrontamos atualmente. As nossas capacidades científicas e tecnológicas levantaram questões ambientais globais e as trouxeram à nossa reflexão. A ciência e a tecnologia podem também exercer papéis importantes para resolver esses desafios.

A ciência dos sistemas da Terra nos ensina que três princípios explicam o funcionamento do nosso planeta. A matéria passa por ciclos em nosso planeta, a energia flui através do sistema Terra e a teia da vida relaciona organismos uns com outros e com os ciclos da matéria e os fluxos de energia do planeta.

Esses três princípios dos Sistemas da Terra nos ajudam a compreender questões ambientais. No caso da mudança do clima global, estamos perturbando os ciclos da matéria lançando gases de estufa na atmosfera. Esses gases interferem nos fluxos de energia do planeta. A mudança climática resultante pode prejudicar a teia da vida.

GRANDE IDÉIA

Podemos ser um dos modos por meio dos quais o universo toma consciência de si mesmo e ri.

Acredito que, quanto mais preservarmos os ciclos da matéria, os fluxos de energia e a teia da vida da Terra, maiores serão nossas possibilidades de preservar um planeta hospitaleiro para nós mesmos, para os nossos descendentes e para todas as criaturas da Terra. Por meio de nossas ações diárias, influenciamos tanto o nosso ambiente local quanto o planeta como um todo.

A ciência também nos oferece uma perspectiva cósmica, expandindo a nossa compreensão e experiência desse universo extraordinário. Somos poeira das estrelas, uma parte intrínseca de um universo que se expande muitas potências de dez acima de nós e mergulha muitas potências de dez abaixo de nós. Podemos inclusive ser um dos modos por meio dos quais o universo toma consciência de si mesmo e ri.

Guia do dr. Art para a ciência

GLÍNDICE

Ácido nucléico
Classe de grandes moléculas que armazenam informações em sistemas vivos (p. 183).

Aminoácidos
Moléculas de tamanho médio que são os constituintes básicos das proteínas. Vinte diferentes aminoácidos ligam-se em longas cadeias para formar proteínas (p. 177-181).

Ano-luz
Distância que a luz percorre em um ano. Muito mais longo do que um segundo gatinhando ou um minuto de metrô (p. 98-99, 112-113).

Anticorpo
Uma proteína com funções importantes no sistema imunológico do corpo (p. 178).

Asteróide
Objeto composto de rocha, metal e/ou gelo que gira em torno do Sol, mas muito menor que um planeta (p. 225).

Atmosfera
A fina camada de ar que constitui o componente gasoso da Terra (p. 130). O componente líquido da Terra chama-se hidrosfera (p. 124-125) e o componente sólido, geosfera (p. 119-123).

Átomo
A menor partícula de um elemento (p. 41-50).

Bactérias
Organismos unicelulares, os únicos a viver na Terra durante bilhões de anos (p. 26-27, 216).

Biodiversidade
O número e as espécies de organismos da Terra. Não sabemos quantas espécies existem nem em que ritmo estão em processo de extinção (p. 158-159, 244-248).

Biomassa
A massa dos organismos vivos. Grande parte da biomassa da Terra encontra-se na vida vegetal e no solo em decomposição (p. 132-133, 158).

Celsius
Escala de temperatura que define o grau zero como ponto de congelamento e o grau 100 como ponto de ebulição da água. Uma alteração em um grau C é igual a uma alteração em 1,8 grau Fahrenheit.

Célula
O constituinte fundamental da vida. Os organismos podem ser unicelulares ou multicelulares, com muitas células trabalhando em conjunto (p. 173-175).

Ciclos
Padrão repetitivo, como o do movimento da matéria na Terra. Ver os ciclos das rochas (p. 119-123), da água (p. 124-129) e do carbono (p. 131-134). Talvez você se pegue sussurrando, "Ciclos da matéria, ciclos da matéria".

Clima
Condições atmosféricas ao longo de períodos relativamente longos de tempo e abrangendo regiões extensas. As ações humanas estão alterando o clima global? (p. 242-243)

Clorofluorcarbonos (CFC)
Moléculas produzidas pelo homem que destroem o ozônio na atmosfera superior da Terra (p. 238-239).

Código Genético
Mesmo sistema usado por todas as formas de vida da Terra em que a ordem das bases numa seqüência do ácido nucléico (como o DNA) informa à célula a ordem exata dos aminoácidos na formação de uma seqüência de uma proteína (p. 186-188).

Composto
Resultado da combinação de dois ou mais elementos. Como um sistema, um composto geralmente tem propriedades qualitativamente diferentes dos elementos que o constituem (p. 51).

Glíndice

Condução
Forma de transmissão de calor que ocorre à medida que a vibração extra se distancia do ponto mais quente do objeto (p. 141).

Consumidor
Em um ecossistema, organismo que se alimenta dos produtores ou de outros consumidores (p. 162).

Convecção
Forma de transmissão de calor que ocorre com moléculas em movimento que transportam a energia calorífica consigo (p. 153-154).

Decompositor
Organismo que decompõe organismos mortos e resíduos orgânicos, devolvendo nutrientes ao ecossistema (p. 161-163).

DNA
Molécula enorme que codifica informação herdada (p. 182-189).

Ecossistema
Os organismos que vivem num lugar específico e o modo como interagem uns com os outros e com seu meio ambiente local. Todos os ecossistemas têm um padrão de organização semelhante, contendo produtores, consumidores e decompositores (p. 161-167, 247-248).

Efeito Estufa
Absorção do calor irradiado pela superfície da Terra por parte de gases existentes na atmosfera, trazendo como conseqüência o aquecimento do clima global (p. 147-149, 243).

Elemento
Existem 92 elementos naturais na Terra. Tudo o que existe é um elemento ou é constituído de elementos que se combinam uns com os outros (p. 38-44).

Eletromagnetismo
Uma das principais forças da natureza. O eletromagnetismo é a cola da matéria. As características da eletricidade e do magnetismo que conhecemos são a ponta do *iceberg* eletromagnético (p. 77-93).

Elétron
Partícula subatômica de carga elétrica negativa, localizada nas órbitas em torno do núcleo do átomo (p. 46-50).

Energia
A energia altera formas, mantém-se quantitativamente estável, pode ser medida com grande precisão e repele definições simples (p. 56-69).

Enzima
Proteína que ajuda a realizar reações químicas nas células. Os organismos geralmente têm milhares de diferentes enzimas, cada uma envolvida em uma ou algumas poucas reações (p. 168).

Erosão
Processos que arrastam rochas desgastadas do seu local original. Tecnicamente, os processos que desgastam as rochas são chamados de degradação (p. 122).

Espectro Eletromagnético
Faixa de radiação completa, abrangendo desde as ondas de rádio, passando pela luz visível, até os raios X e os raios cósmicos (p. 142-144).

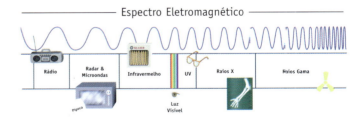

Evolução
Teoria científica que descreve e explica como a vida na Terra passa por mudanças ao longo do tempo (p. 192-232).

Força nuclear forte
Força que mantém os prótons e os nêutrons unidos no núcleo atômico (p. 88-90).

251

Guia do dr. Art para a ciência

Fóssil
Evidências preservadas de um organismo morto (p. 195-197).

Fotossíntese
Reação química em que os organismos usam energia solar para produzir açúcar por meio da combinação de dióxido de carbono e água (p. 18-20, 24-26, 160-161).

Fusão nuclear
Núcleos atômicos menores que se combinam para formar núcleos atômicos maiores, com pequenas quantidades de massa se transformando em grandes quantidades de energia (p. 102-103).

Galáxia
Sistema constituído de bilhões de estrelas unidas pela gravidade. O sistema solar localiza-se na galáxia da Via Láctea (p. 96-97).

Geosfera
Componente sólido da Terra, objeto de estudo da geologia (p. 119-123).

Gravidade
Força de atração entre objetos que faz com que uma maçã caia no chão e a Lua se mantenha girando em torno da Terra (p. 75-77, 90).

Hemoglobina
Proteína no sangue que transporta oxigênio para as células (p. 178, 188).

Irídio
Elemento raro na superfície da Terra que forneceu as primeiras evidências de que a colisão de um asteróide causou a extinção dos dinossauros (p. 225-226).

Isótopos
Formas do mesmo elemento que têm diferentes números de nêutrons (p. 218-219).

Potássio 39   Potássio 40

Magnetismo
Uma das formas de manifestação da força eletromagnética em nosso nível de realidade (p. 77-85).

Meia-vida
Cada isótopo radioativo decai num ritmo específico definido como o tempo necessário para que metade dos átomos decaia. Esse ritmo de decaimento permanece o mesmo e é independente da quantidade do isótopo radioativo (p. 220-221).

Molécula
Partícula resultante da combinação de dois ou mais átomos. A menor porção de um composto é uma molécula (p. 52).

Mudança física
Mudança de um material em que as moléculas permanecem inalteradas. Quando o gelo derrete temos uma mudança física. Gelo e água líquida são ambos H_2O (p. 66).

Mudança química
O que acontece quando átomos alteram sua ligação para formar moléculas diferentes. Descubra por que a DJ do Baile de Aniversário de 50 Anos do Dr. Art precisou recorrer a lutadores profissionais para realizar uma mudança química (p. 66-67).

Mutação
Alteração nas informações hereditárias que pode causar uma mudança no organismo (p. 207-209).

Núcleo
Parte central de uma estrutura, como o núcleo atômico (p. 49-50, 103).

Núcleo atômico
O microscópico centro do átomo que contém quase toda sua massa constituída de prótons e nêutrons (p. 49-50). Leia também a última frase do quinto parágrafo da página 54 e faça o que ela diz.

Glíndice

Nêutron
Partícula subatômica de carga nula que constitui com os prótons o núcleo do átomo (p. 46-50, 218-219).

Onda
O calor e outras formas de energia podem se propagar como ondas. Um modo como as ondas se diferenciam umas das outras é no seu comprimento de onda (p. 142-144).

Ozônio
Uma forma de gás oxigênio com três átomos interligados. Na atmosfera inferior, ele é um poluente. A camada de ozônio na atmosfera superior protege os organismos dos raios UV do Sol (p. 237-239).

Partículas subatômicas
Prótons, nêutrons e elétrons são partículas que compõem o átomo (p. 43-48).

Produtores
Organismos que constituem a base de um ecossistema armazenando energia solar ou eletroquímica como energia química disponível a outros organismos (p. 161-163).

Propriedade
Característica de um material, como sua aparência (por ex., cor), estado físico (por ex., sólido ou líquido) ou comportamento (por ex., inflamável em contato com a água) (p. 30).

Proteína
Classe de grandes moléculas que realizam a maioria das tarefas em organismos vivos (p. 177-182).

Próton
Partícula subatômica de carga positiva localizada com os nêutrons no núcleo do átomo. O número de prótons faz com que um elemento seja diferente de outro (p. 46-50).

Radiação
Propagação da energia em forma de onda (p. 142-144). Também se refere à energia liberada por elementos radioativos (p. 219).

Radiação ultravioleta (UV)
Forma de radiação eletromagnética com um comprimento de onda um pouco menor do que a luz visível (p. 144-145, 237-239).

Radioativo
Forma de um elemento que é instável e emite radiação quando se quebra (decaimento radioativo). A datação radioativa utiliza graus de decaimento radioativo para determinar a idade de objetos (p. 218-221).

Reservatório
Local onde uma determinada matéria fica armazenada como parte do seu ciclo. O oceano é o maior reservatório de água e as rochas são o maior reservatório de carbono (p. 124-125, 132).

Respiração
Processo pelo qual os organismos queimam açúcar para produzir energia e liberam dióxido de carbono na atmosfera (p. 160-161).

Seleção Natural
Processo pelo qual populações de um organismo se modificam ao longo do tempo para possibilitar a sobrevivência e a reprodução desse organismo (p. 204-213).

Sistema
Temos um sistema sempre que partes se combinam ou juntam para formar um todo. O todo é QUALITATIVAMENTE mais do que a soma de suas partes. Você, o seu sistema circulatório, a água e o sal de cozinha são todos exemplos de sistemas (p. 28-34).

Supernova
Grandes estrelas podem explodir e liberar mais energia em três semanas do que o Sol em dez bilhões de anos (p. 107).

Tectônica de Placas
Teoria que explica características importantes da superfície da Terra e as causas de terremotos e vulcões (p. 120-123).

Teoria
Explicação científica do mundo natural baseada em evidências as mais diversas. A teoria do germe, relacionada com a doença, é um exemplo (p. 28, 35).

Créditos das Fotografias e Ilustrações

Brand X Pictures
Capa (rochas e árvores) Morey Milbradt

John D. Byrd, Mississippi State University
www.forestryimages.org 245 (kudzu)

California Academy of Sciences
171 (formigas) Dong Lin © 2005 California Academy of Sciences; 205 Dr. Lloyd Glenn Ingles © California Academy of Sciences

Canadian Museum of Civilization (CMC)
13 (pirâmide) © CMC foto Frank Corcoran, no. D2004-6191

CERN: European Organization for Nuclear Research
104 (colisor linear compacto) Laurent Guiraud/CERN

Corbis
170 (Martin Luther King, Jr.) Bettmann/CORBIS

Dennis Kunkel Microscopy, Inc.
26 (penicilina); 27, 35 (antrax); 101 (células sanguíneas); 173, 250 (paramécio); 173 (células de uma flor); 174 (células musculares, células nervosas e células foliares); 200 (abelha)

Digital Stock
13 (construções na rocha); 38; 56 (piscina térmica); 170 (rochas)

Digital Vision Ltd.
28 (carros); 88 (usina nuclear); 131; 161; 233 (faixa); 236 (depósito de lixo, água poluída); 237 (ozônio); 244 (fogo); 245 (cano, corte de árvore)

Jim Ekstrom
http://science.exeter.edu/jekstrom/default.html 101 (cabeça de abelha)

Getty Images
Capa (estrelas) StockTrek; capa, 97, 100, 253 (galáxia) StockTrek; capa, 96 (astronauta) StockTrek; 5, 11 (béqueres) Greg Pease; 1-3, 5, 37 (água) Digital Vision; 6, 115 (Terra) StockTrek; 11 (faixa) Paul Cooklin; 13 (tenda indígena) Geostock; 13 (choupanas) Ingo Jezierski; 17 (tubos de ensaio) Mel Yates; 22 (células) Darlyne Murawski; 39 (água) Digital Vision; 45 (carregamento de carvão) Don Farrall; 45 (oxigênio) Thinkstock; 54 (bolhas) Digital Vision; 61 Digital Vision; 67 (fogo) Izzy Schwartz; 67 (carros) Steve Allen; 67 (corredora) Comstock Images; 70 Photodisc Collection; 85, 252 (ímã) Harald Sund; 89 Digital Vision; 95 (faixa lunar) StockTrek; 100 (Terra) StockTrek; 100 (baía de San Francisco) StockTrek; 104 (estrelas) StockTrek; 104 (detonação de bomba) StockTrek; 104 (Hiroshima) Archive Holding Inc.; 107, 114 (estrelas) StockTrek; 108 StockTrek; 109 (dinossauro) Stephen Wilkes; 112 StockTrek; 116-17 (Terra) StockTrek; 142

Glíndice

(microonda) Stockdisc; 142 (luz verde) Don Farrall; 144 (arco-íris) Robert Glusic; 146 (estrada) Jeremy Woodhouse; 147 (estufa) Sami Sarkis; 149 (gêiser) image 110; 149 (terremoto) Doug Menuez; 151 StockTrek; 163, 251 (cogumelos) Don Farrall; 164, 251 (puma) Photodisc Collection; 170 (estrelas) StockTrek; 171 (alunos) Flying Colours Ltd; 176 (laboratório) David Buffington; 177 (bifes) Comstock Images; 177, 190 (feijões) Photodisc Collection; 177 (sushi) Daisuke Morita; 182 (células) Dr. Stanley Flegler; 182 (embrião) Dr. Fred Hossler; 186 (mãe/filha) Digital Vision; 193 (computadores) Kevin Phillips; 196 Hulton Collection; 204 (inseto) Annie Griffiths Belt; 206 (antílopes) Natphotos; 206 (leões) MIMOTITO; 207 General Photographic Agency; 209 David Young-Wolff; 210 (cobra) Bob Elsdale; 246 (aspirina) BurkeITriolo Productions; 249 Digital Vision

iStockphoto
Capa, 7, 169 (pilha) Monika Wisniewska; capa (átomo) Perttu Sironen; capa (abelha) Roel Dillen; 6, 73, 80, 94 (relâmpago) Linda Bair; 7, 191 (fóssil) Bob Ainsworth; 7, 215 (rochas) Steve Geer; 7, 233 (estrada) Peter Chen; 17 (alerta) Dan Brandenburg; 48 Alexander Briel Perez; 55 (árvore) Paulus Rusyanto, 57 (definição) Nurkemala Muliani; 71-72 (fundo roxo) Benoit Beauregard 74 (maçã) Jorge Sa; 77 (raio x) Peter Nguyen; 80 (metros) Stan Rohrer; 98 (bebê) Kenneth C. Zirkel; 98 (teatro) John Bohannon, 118 Mark Rossmore; 124, 255 Carol Gering; 142 (satélite) BlaneyPhoto; 143 Andrzej Tokarski; 146 (cataventos) Jason Stitt, 153-154 (fundo) Anneclaire Le Royer; 153-154 (faixa azul) Peter Hansen; 168 (fundo líquens) Paul Cowan, 184 (DNA neón) Valerie Loiseleux; 190 (fundo) Charissa Wilson; 193 (congestionamento) Mika Makkonen; 193 (supermercado) Sean Locke; 195 (rocha) Daniel Norman; 195 (floresta) Jordan Ayan; 200 (cobra) Brad Thompson; 204 (pêssegos) Michel de Nijs; 214 (fundo) Stasys Eidiejus, 222 Andrew Krasnov; 232 (fundo) Martin Hendriks; 237, 245 (solo) Ben Thomas; 244 (parque) Pierre Janssen; 246 (panda) Paiwei Wei; 247 (libélula) Andrei Mihalcea

Louisiana Superdome
50

D.L. Mark
42, 45 (domo)

NASA
6, 33, 93, 95, 105, 213, 229 (estrelas) NASA, ESA and A. Nota (STScI); 14 J. Spencer (Lowell Observatory) e NASA; 28, 36 (Sol) NASA Jet Propulsion Laboratory (NASA-JPL); 58 (nave espacial) NASA; 71-72 (Sol) NASA-JPL; 76 (Nebulosa da Tarântula) The Hubble Heritage Team (AURA / STScl / NASA); 92 (Saturno) NASA e The Hubble Heritage Team (STScl/AURA); 97 (Via Láctea — topo) NASA, 100 (universo) NASA, ESA, R. Windhorst (Arizona State University) e H. Yan (Spitzer Science Center, Caltech); 100 (galáxia)

NASA e The Hubble Heritage Team (STScl/AURA), 116 (Rover em Marte) NASA-JPL; 225, 232, 250 (asteróide) NASA-JPL, 227, 253 (impacto) Don Davis/NASA

National Institute of Standards and Technology
42, 101 (átomos de cobalto)

National Oceanic and Atmospheric Administration
241 (gelo) Lonnie Thompson, Byrd Polar Research Center, The Ohio State University. Também NOAA Paleoclimatology Program / Department of Commerce

National Park Service
170 (capa) Peter Jones

Natural History Museum, London
223 (mosasaurus); 223 (pteranodonte); 224; 227 (tectitos)

PhotoDisc
5, 23, 100-101 (flor); 6, 137 (estufas); 6, 155 (aranha); 7, 138 (girassóis); 39 (nuvens); 55, 73 (areia); 56 (furacão); 56 (tigre), 58, 252 (lava); 60 (equipamento); 80 (fios); 88 (nuvem em forma de cogumelo); 88 (Sol); 119; 122; 126; 129 (tartaruga); 130; 134; 136 (lava); 137 (faixa nuvem); 150; 156 (cacto, anêmonas, flamingos); 158; 160 (guepardo); 168 (faixa anêmonas); 170 (borboleta); 171 (árvores); 195 (rio de lava); 204, 214 (faixa pavão); 206 (estrelas-do-mar, leões marinhos), 237 (guepardo)

Photo Resources Hawaii
246 (pássaro) Jack Jeffrey

Wim van Egmond
25 (folha de cacto); 28 (pulga)

Virtual Fossil Museum
www.fossilmuseum.net 195, 253 (fóssil); 197; 223 (amonita)

Wonderfile
91 © stockbyte; 170 (Socrates) © Image Source